AF497426

BOTANIQUE,

ou

HISTOIRE NATURELLE

DES PLANTES.

PARIS, IMPRIMERIE DE DECOURCHANT,
Rue d'Erfurth, n° 1, près de l'Abbaye.

BOTANIQUE,

OU

HISTOIRE NATURELLE

des Plantes,

A L'USAGE

DES CULTIVATEURS ET DES ÉCOLES PRIMAIRES.

PAR V. RENDU,

AVOCAT A LA COUR ROYALE DE PARIS, ANCIEN ÉLÈVE DE L'INSTITUT AGRICOLE DU
MESNIL-SAINT-FIRMIN, CORRESPONDANT DE LA SOCIÉTÉ D'AGRICULTURE
DE BOULOGNE-SUR-MER, DE L'ACADÉMIE DES SCIENCES DE TOULOUSE.

Ouvrage adopté par le Conseil royal de l'Instruction publique.

J. ANGÉ, ÉDITEUR,

RUE GUÉNÉGAUD, 19.

VERSAILLES,

LIBRAIRIE DE L'ÉVÊCHÉ, RUE SATORY, 28.

1838

EXTRAIT DU RAPPORT

DE M. F. CUVIER, MEMBRE DE L'ACADÉMIE DES SCIENCES, AU MINISTRE DE L'INSTRUCTION PUBLIQUE.

J'ai examiné avec l'attention la plus soutenue l'ouvrage de M. Victor Rendu sur la Botanique, dont vous me demandez de vous rendre compte; le résultat de mon examen a été tout à fait favorable au travail de ce jeune auteur.

M. Victor Rendu me paraît avoir parfaitement compris la tâche qu'il avait à remplir, et avoir atteint le but qu'il se proposait.

L'objet de M. Rendu a été d'abord de faire connaître, par des définitions explicatives et des exemples, toutes les parties dont les plantes se composent, et les modifications principales sous lesquelles ces parties s'offrent à nous, et ensuite de présenter, à l'aide de ces premières connaissances, un tableau méthodique du règne végétal. Son analyse de la plante est faite avec méthode, et portée aussi loin que le demandent des connaissances élémentaires de botanique. La définition qu'il donne de chacune des parties qu'il considère, est exprimée avec clarté, quoique avec concision, et les exemples sur lesquels ses définitions s'appuient, sont toujours bien choisis.

En résumé, je pense que l'ouvrage de M. Victor Rendu

satisferait à tout ce qu'il est nécessaire de connaître en
Botanique dans les écoles normales primaires, et con-
séquemmènt dans les écoles auxquelles celles-là doivent
fournir des maîtres.

Signé F. CUVIER.

Préface.

On a beaucoup écrit sur la Botanique, mais les ouvrages publiés jusqu'à ce jour n'ont pas la même destination que celui-ci.

Notre but, en rédigeant ces notions élémentaires, n'a point été de faire un traité complet sur la Botanique ; nous avons tâché d'en exposer les principes fondamentaux.

Ce plan nous obligeait à éviter les détails minutieux ; toutefois, les règles devaient être expliquées par des exemples. Ces exemples ont tous été choisis parmi les plus communs ; nous n'avons pas été arrêté par la considération d'une expression vulgaire, persuadé que l'intelligence des théories est d'autant plus facile, que la pensée se fixe sur des objets plus familiers.

L'occasion de rectifier certaines erreurs accréditées s'est offerte ; nous l'avons saisie chemin faisant.

Enfin, nous avons terminé par l'exposé des classifications de Tournefort, de Linnæus et de Jussieu, et

nous avons appliqué la méthode naturelle aux principales familles du règne végétal qui croissent spon-
tanément en France. Cette dernière partie de notre
travail a pour objet de résumer, d'une manière pratique, les bases sur lesquelles repose la Botanique.

BOTANIQUE,

ou

HISTOIRE NATURELLE DES PLANTES.

Considérations Préliminaires.

La *botanique* est la science qui a pour objet l'étude des plantes.

Les plantes, que l'on nomme aussi végétaux, sont des corps organisés, doués de l'excitabilité [1] commune à tous les êtres vivants, mais privés de sensibilité et de motilité, c'est-

[1] On entend par excitabilité la force par laquelle le tissu vivant des végétaux est contracté par l'effet de stimulants particuliers. Quelques botanistes la désignent aussi sous le nom d'*irritabilité*.

à-dire de la faculté de changer de place.

De cette privation de sensibilité et de motilité qui caractérise les plantes, résultent la plupart des différences que l'on observe entre le règne animal et le règne végétal.

Tous les végétaux sont composés d'un tissu membraneux qui paraît continu dans le plus grand nombre, et se présente sous deux aspects très-distincts. Tantôt il se dédouble de manière à constituer de petites cellules, régulières ou irrégulières, fermées de toutes parts et semblables à l'écume boursouflée de l'eau de savon : il prend alors le nom de *tissu cellulaire* (planche 1re, *fig.* 1) ; tantôt les cellules s'allongent sous forme de tubes ou vaisseaux ouverts à leurs extrémités : dans ce cas, il porte le nom de *tissu vasculaire* (*fig.* 2, AAA). Les cellules et les vaisseaux, en se soudant les uns aux autres, forment des faisceaux plus ou moins épais, que l'on désigne en botanique sous le nom de *fibres végétales* : on appelle *parenchymes*, les parties molles et pulpeuses, composées essentiellement de tissu cellulaire.

Le tissu cellulaire existe dans tous les végétaux ; le tissu vasculaire ne se rencontre que dans certaines plantes : ces particularités distinctives ont conduit M. de Candolle à diviser les végétaux en cellulaires et en vasculaires. C'est en s'unissant et en se combinant de diverses manières, que les tissus fibreux et parenchymateux constituent les différents organes des végétaux.

Les organes des végétaux sont de deux sortes : les uns président à la nutrition du végétal, et, par suite, à son accroissement ; les autres ont pour but de propager l'espèce.

Tout végétal naît d'un individu qui lui était semblable. L'espèce se continue par une véritable génération analogue à celle qui a lieu chez les animaux ; et, cette fonction accomplie, les organes de la reproduction se flétrissent et meurent.

De là, l'étude des plantes divisée naturellement en deux sections.

La première section considère les végétaux sous le rapport unique de leurs organes de nutrition, tels que la racine, la tige et les feuilles : ces différents organes tendent tous au même but, l'entretien de la vie dans le végétal.

La seconde section considère les végétaux relativement à leurs organes de reproduction, comme la fleur, ses parties accessoires; et le fruit qui résulte de la fleur : ces organes, tout à fait inutiles à la vie de l'individu, ne sont destinés qu'à perpétuer l'espèce.

Première Section.

DES ORGANES DE LA NUTRITION.

Les *organes de la nutrition*, appelés aussi *organes fondamentaux*, parce qu'ils sont essentiels à la conservation du végétal et ne peuvent manquer tous à la fois chez le même individu, sont les parties qui entretiennent la vie dans les plantes, à l'aide des substances qu'elles puisent dans le sol et l'atmosphère.

La *racine*, la *tige* et les *feuilles* sont les trois grandes parties qui peuvent rigoureusement suffire à la vie des végétaux, et par conséquent constituent les organes de leur nutrition.

CHAPITRE Ier.

DE LA RACINE.

—

La *racine* est cette partie la plus inférieure du végétal qui s'enfonce dans la terre ; elle croît constamment en sens contraire à celui de la tige.

Tous les végétaux, à l'exception d'un petit nombre, sont pourvus de racines qui les fixent aux différents corps sur lesquels ils sont implantés.

La racine offre à considérer trois parties principales : 1° le *collet* ou *nœud vital* (planche 2, *fig.* 1re, A) : on donne ce nom à la limite qui sépare la tige de la racine ; ce collet, souvent difficile à déterminer exactement, est le point central d'où sortent la tige qui monte et la racine qui descend ; 2° le *corps*, ou partie médiane de la racine, présentant en général un renflement (*fig.* 1re, **B**) ; 3° les *radicelles* : on désigne ainsi les filaments plus ou moins nombreux qui terminent l'extrémité inférieure de la racine (*fig.* 1re, **C**) ; lorsque les filaments radicellaires sont très-déliés, ils prennent le nom collectif de *chevelu*.

C'est uniquement par l'extrémité renflée des radicelles, à laquelle on donne le nom de *spongiole*, que la racine pompe les sucs nutritifs contenus dans le sol.

Les radicelles semblent destinées à multiplier les points d'absorption. On a remarqué que le nombre des radicelles augmentait lorsqu'on coupait l'extrémité d'une racine principale : de là l'usage de couper, de *rafraîchir* l'extrémité des grosses racines, afin d'assurer la reprise du végétal que l'on transplante.

On sait qu'à la place même où un arbre quelconque a végété, un arbre de la même espèce viendrait mal, s'il le remplaçait immédiatement ; il est donc nécessaire de substituer à l'espèce arrachée un végétal d'une autre espèce.

Une racine est *simple,* lorsqu'elle ne présente aucune division notable; exemple : la carotte cultivée, la rave, le radis ; elle est *rameuse,* lorsqu'elle offre plus ou moins de divisions, comme la racine du chêne, de l'orme, du blé et de la plupart des plantes.

Relativement à leur consistance, les racines sont charnues ou ligneuses.

Les racines sont *charnues,* lorsque leur tissu est abreuvé de sucs et présente peu de résistance : exemple : la betterave, le navet.

Elles sont *ligneuses,* lorsqu'elles sont formées de fibres plus ou moins sèches, analogues à celles du bois : telles sont les racines des arbres, de la giroflée jaune, du rosier, de la viorne.

Enfin, d'après leur durée végétative, les racines se distinguent en *annuelles, bisan-*

nuelles et *vivaces;* ces mots se comprennent.

On range vulgairement parmi les racines, certains organes qui n'en ont que l'apparence, comme les tubercules de la pomme de terre, des topinambours et la souche des iris; ces prétendues racines sont des tiges et des bourgeons particuliers. (*Voyez* chap. 2. § 1 et 3.)

Usages économiques des racines.

Un grand nombre de racines servent à nos besoins journaliers. Les plus usitées sont celles de la betterave, de la carotte, du panais, du salsifis, du navet et du radis.

Dans les arts, la teinture emploie celle de la garance.

La médecine emprunte aussi de nombreux médicaments aux racines. C'est ainsi que celles de la mauve et de la guimauve sont pectorales et adoucissantes; celles de la

salsepareille et de la patience sont diurétiques; les racines de valériane, de rhubarbe
et de gentiane agissent comme toniques.

CHAPITRE II.

DE LA TIGE.

—

§ Ier. — DES TIGES EN GÉNÉRAL.

La *tige* est cette partie du végétal qui croît en sens contraire à celui de la racine, cherche l'air et la lumière, et porte généralement les feuilles, les fleurs et les fruits.

La plupart des plantes sont pourvues d'une tige; celles qui n'en ont pas sont désignées sous le nom de *plantes acaules;* quelquefois la tige est si peu développée, qu'elle paraît ne pas exister.

On distingue cinq espèces principales de tiges, savoir: la tige proprement dite, le tronc, le stipe, le chaume et la souche, que l'on nomme aussi rhizome.

La *tige proprement dite* est celle qui appartient au plus grand nombre des plantes, et dont la forme ne peut se rapporter aux quatre espèces suivantes.

Le *tronc* a pour caractère d'être plus large à la base qu'au sommet, et d'être nu à la partie inférieure. Telle est l'espèce de tige que l'on remarque dans le mûrier, le platane, le chêne, le tilleul, l'orme et tous les arbres de notre pays.

Le *stipe* se ramifie rarement; il est cylindrique et se termine supérieurement par un bouquet de feuilles. Cette espèce de tige n'existe pas dans les arbres de nos climats; on la rencontre notamment dans les palmiers et les dattiers.

Le *chaume* est une tige le plus souvent creuse et entrecoupée de nœuds pleins, d'où partent les feuilles; exemple: le blé, l'avoine, l'orge.

La *souche* ou *rhizome* est une tige souterraine qui ne se rencontre jamais dans les plantes annuelles. Son caractère principal est de présenter sur quelques points de son étendue des cicatrices indiquant la trace des tiges extérieures successivement détruites. L'âge de ces sortes de tiges peut être mathématiquement déterminé, car, chaque année, une cicatrice remplace la tige extérieure qui n'existe plus. Telle est la souche de l'iris des jardins, du sceau de Salomon (planche 2, *fig*. 2). Il ne faut pas confondre la souche ou rhizome avec cette partie du végétal que l'on nomme vulgairement *souche* lorsque l'arbre est abattu ; cette dernière n'offre jamais de cicatrices naturelles comme le rhizome.

Les tiges, considérées d'une manière générale, peuvent être envisagées sous trois points de vue, d'après les modifications que présentent leur substance, leur direction et leur superficie.

D'après les modifications de leur substance,

les tiges sont herbacées, ligneuses, demi-ligneuses ou sous-frutescentes, solides ou pleines, fistuleuses, médulleuses et charnues.

Les tiges *herbacées* sont celles qui sont tendres et qui offrent peu de consistance ; exemple : le blé, l'avoine, le mouron, le fumeterre : ces tiges périssent chaque année.

On nomme tiges *ligneuses*, celles qui, semblables au bois par leur couleur et leur dureté, persistent plus de deux ans ; exemple : les tiges des arbres ;

Demi-ligneuses ou *sous-frutescentes*, celles intermédiaires aux tiges herbacées et aux tiges ligneuses ; exemple : la giroflée jaune, les rosages, la bruyère en arbre.

On dit qu'une tige est *solide* ou *pleine*, lorsqu'elle ne présente aucun vide dans son intérieur ; exemple : celle de la plupart des arbres.

On la dit au contraire *fistuleuse*, quand elle offre une cavité intérieure, soit continue, soit interrompue par des nœuds ; exemple :

la tige du blé, de l'avoine, de l'angélique.

La tige est *médulleuse*, lorsqu'elle renferme en grande abondance une matière blanche, légère et très-poreuse, nommée moelle, comme dans le sureau, le figuier.

Enfin, on nomme tiges *charnues*, celles qui contiennent une grande quantité de substance aqueuse, telles que la bourrache, la pomme de terre, les orchis, etc.; d'autres plantes, comme les cactus, les joubarbes, le pourpier, dont la tige est très-charnue et le parenchyme vert et succulent, sont désignées sous le nom spécial de *plantes grasses*.

Toutes les tiges tendent à s'élever verticalement; néanmoins, il est des exceptions à cette règle, et, d'après leur direction, on distingue les tiges en sarmenteuses, grimpantes, volubiles, rampantes et traçantes.

On appelle *sarmenteuses*, les tiges sous-frutescentes, incapables de se soutenir d'elles-mêmes, qui s'appuient par divers moyens sur les corps voisins, comme sur des tuteurs ; exemple : la vigne, le chèvrefeuille.

Les tiges *grimpantes* sont celles qui se fixent aux corps environnants à l'aide d'appendices nommés *crampons* ou *suçoirs*; exemple : le lierre.

Une tige est dite *volubile*, lorsqu'elle s'enroule en forme de spirale autour des corps voisins. Cette spirale a toujours lieu de la même manière dans les plantes de la même espèce ; c'est-à-dire qu'elle commence, tantôt de droite à gauche, comme dans les haricots, les liserons, tantôt de gauche à droite, comme dans le houblon. La cause de ce phénomène est inconnue ; on sait seulement que la lumière, les vents et l'électricité n'ont aucune influence sur la *volubilité* des tiges.

Une tige *rampante* est celle qui, couchée sur le sol, s'y enracine par tous les points de sa surface inférieure; telle est la tige de l'herbe aux écus, de la laiche des sables.

Les tiges rampantes ne doivent pas être confondues avec celles dites *traçantes*, dont le fraisier offre un exemple. Ces dernières émettent latéralement des *jets* ou *coulants* qui partent du collet de la racine, s'étendent sur la terre et s'y fixent par des houppes radiculaires. Ces jets, une fois enracinés, peuvent être détachés sans inconvénient de la plante-mère, et fournissent ainsi un bon moyen de multiplication.

Les tiges se distinguent encore en tiges *droites, couchées, flexibles, cassantes, simples, rameuses,* etc.; ces mots n'ont pas besoin d'explication.

D'après leur superficie, les tiges sont : *tomenteuses,* lorsqu'elles sont revêtues de poils courts, nombreux et entremêlés, comme dans le bouillon blanc ; *hispides ,* c'est-à-dire garnies de poils droits, roides, plus ou moins écartés les uns des autres ; exemple : la moutarde des champs ; *ciliées,* lorsque les poils sont rangés avec régularité, comme dans la morgeline ; enfin, par opposition à ces expressions, on dit que la tige est *glabre* lorsqu'elle ne présente aucun poil ; exemple : la pervenche, le blé, le seigle.

D'après son armure, la tige est *épineuse* lorsqu'elle est pourvue d'épines : telle est celle du jonc marin, de l'acacia.

On la dit aiguillonneuse, quand elle est munie d'aiguillons ; exemple : les rosiers, les ronces.

L'aiguillon diffère de l'épine en ce que celle-ci fait partie de la substance interne de la plante, tandis que l'aiguillon n'est qu'une dépendance de l'écorce.

Les poils, les épines et les aiguillons font partie des organes accessoires de la tige.

Usage économique des tiges.

Les tiges d'un grand nombre de plantes sont appliquées aux besoins de l'homme. Certains arbres fournissent d'excellents matériaux de construction ; sous ce rapport, on les distingue en bois durs et en bois tendres ou bois blancs. D'autres, comme le campêche, le santal, donnent de bonnes teintures ; l'écorce du chêne sert à tanner les cuirs ; la cannelle et le quinquina sont employés en médecine, l'un comme tonique, l'autre comme fébrifuge.

§ 2. — STRUCTURE ANATOMIQUE DES TIGES.

Les plantes se nourrissent des sucs qu'elles puisent dans le sol et des fluides que leur fournit l'atmosphère.

Les sucs puisés dans le sol concourent à former la *séve*, liquide aqueux, incolore, qui tient en dissolution les principes destinés au développement du végétal. La tige la reçoit des racines, les feuilles la trouvent dans l'air ; sa marche est ascendante et descendante. Dans le premier cas, la séve s'élève des racines jusque vers les extrémités des branches ; arrivée aux feuilles, elle s'y dépouille des principes aqueux qu'elle contient en excès, et y subit une élaboration particulière. Dans le second cas, elle descend vers les racines, et distribue sur son passage les sucs nutritifs. Une partie de l'air extérieur se combine avec la sève : tout ce qui n'est pas employé à la nutrition du végétal est rejeté au dehors ; l'acide carbonique, l'un des principes de l'atmosphère, est décomposé. Toutefois, cette décomposition n'a lieu que dans la partie herbacée de la tige et sous l'influence de la lumière. Si la plante était placée dans l'obscurité, non-seulement elle ne décomposerait pas l'acide carbonique, mais elle ne dégagerait que ce gaz ; et si l'obscurité était continue, le végétal subirait un allongement morbide, il prendrait une coloration plus pâle, une consistance plus molle et plus aqueuse, en un mot, il s'*étiolerait*.

Dans nos climats, la sève est surtout abondante au printemps et vers le mois d'août. Celle qui s'écoule de la vigne lorsqu'on la taille avant l'apparition des feuilles, est connue généralement sous le nom de *pleurs*.

Considérée sous le point de vue économique, la séve, en se distribuant aux diverses parties d'un végétal, satisfait à deux besoins : elle fournit à l'extension nutritive de la plante, lorsqu'elle développe les organes qui servent à l'entretien de la vie individuelle ; elle fournit à l'extension génératrice, lorsqu'elle développe les organes qui servent au maintien de l'espèce. Il résulte de cette observation que, pour aider soit à la multiplication, soit au développement, soit à la maturation des fruits, il ne s'agit que de modifier le cours de la séve. Or, pour cela faire, le cultivateur coupe les branches stériles ; la séve alors se dirige plus abondante vers les branches qui portent les fruits. C'est dans le même but que l'on s'oppose à la descente de la séve, en pratiquant une ligature fortement serrée, ou bien en retranchant un anneau d'écorce ; l'obstacle que la séve rencontre l'oblige alors à refluer vers les parties supérieures et à se jeter dans les fruits.

Toutes les plantes vasculaires sont composées de fibres et de vaisseaux qui charrient dans leur intérieur la séve et l'air nécessaire à leur respiration ; mais toutes ne germent pas de la même manière. Les unes germent avec deux feuilles séminales nommées cotylédons ; les autres avec une seule feuille séminale ou un seul cotylédon. Cette différence dans la germination entraîne des différences relatives dans la structure des tiges; c'est-à-dire que les plantes qui germent avec deux cotylédons ont leur tige conformée autrement que la tige des plantes qui ne germent qu'avec un seul cotylédon.

Tous les arbres de notre climat germent avec deux cotylédons : tels sont le chêne, le tilleul, le frêne ; ces plantes sont appelées *dicotylédonées*. Les arbres qui ne germent qu'avec un seul cotylédon, comme le palmier, le dattier, appartiennent aux pays chauds étrangers ; on les dit *monocotylédonés* : leur nombre est loin d'être aussi considérable que celui des premiers.

—

DE LA STRUCTURE ANATOMIQUE DES TIGES DANS LES VÉGÉTAUX DICOTYLÉDONÉS.

Quand on examine, par exemple, le tronc d'un chêne coupé transversalement, on y voit deux parties bien distinctes : 1° le *système ligneux*, c'est-à-dire le bois qui se trouve au centre (planche 2, *fig.* 3, A) ; 2° le *système cortical*, c'est-à-dire l'écorce entourant le bois (*id..*, B) ; chacune de ces parties en comprend plusieurs autres. Ainsi, le système ligneux se compose de la moelle, du bois proprement dit, et de l'aubier ; le système cortical est formé du liber, des couches corticales, de l'enveloppe herbacée et de l'épiderme.

SYSTÈME LIGNEUX.

—

De la moelle.

La *moelle* est cette substance molle et spongieuse qui occupe ordinairement le centre de la plante. Elle est logée dans un canal, tantôt cylindrique, tantôt anguleux, auquel on donne le non d'*étui médullaire*.

La moelle est verdâtre dans les jeunes pousses, blanchâtre dans les végétaux adultes. Elle s'étend depuis le collet de la racine jusqu'au sommet de la tige, et se prolonge même dans les branches et les plus petits rameaux; son diamètre est généralement plus grand dans les plantes herbacées que dans les arbres; il diminue en raison directe de l'âge de la tige : exemple, le sureau.

Du bois proprement dit.

On donne le nom de *bois proprement dit* aux couches ligneuses appliquées immédiatement contre la moelle, et séparant celle-ci de l'aubier.

A partir d'une certaine époque de la vie du végétal, il se forme chaque année une couche de bois et une couche d'aubier, c'est-à-dire que la couche d'aubier la plus intérieure se transforme en bois proprement dit, à mesure qu'il s'ajoute une nouvelle couche extérieure d'aubier à celles qui existaient déjà. L'épaisseur des couches varie suivant les différentes espèces de végétaux : ainsi, ceux dont le bois est dur, comme le chêne, le buis, le noyer, offrent des couches peu épaisses ; ceux, au contraire, dont le bois est tendre, comme le peuplier, le tilleul, le sapin, le pin, le bouleau, et tous les arbres désignés sous le nom général de *bois blancs*, présentent des couches d'une grande épaisseur.

Les couches ligneuses peuvent varier encore sur le même arbre. En effet, de ce que, chaque année, il se forme une couche extérieure d'aubier, dont la plus .intérieure se convertit en bois, il suit que l'épaisseur des couches dépend de l'année plus ou moins favorable à la végétation ; il est aussi à remarquer que toutes les couches n'ont pas toujours une épaisseur égale dans toute leur circonférence.

De l'aubier.

On nomme *aubier* les couches ligneuses situées entre le bois proprement dit et l'écorce.

L'aubier ne diffère du bois proprement dit que par son âge moins avancé ; c'est du bois proprement dit à l'état de jeunesse, et n'ayant pas encore atteint toute sa dureté future.

La teinte de l'aubier n'est pas généralement la même que celle du bois proprement dit ; toutefois, cette différence n'est pas toujours tranchée, notamment dans les bois blancs, tels que le peuplier, le bouleau, le sapin.

Les couches d'aubier, converties en bois

proprement dit, ne changent plus ; elles restent encaissées dans les nouvelles couches qui les recouvrent. C'est ce qui explique comment des caractères tracés sur du bois proprement dit, ou des objets déposés dans son intérieur, se retrouvent à une grande distance de la circonférence. Au contraire, des inscriptions gravées sur l'écorce ne tardent pas à être déformées par l'extension des fibres corticales successivement rejetées au dehors ; les lettres, sans s'allonger, deviennent insensiblement plus écartées, plus superficielles, et finissent par se confondre avec les crevasses qui sillonnent l'écorce.

L'aubier, en raison de ses fibres faibles et peu serrées, est sujet à être attaqué par l'humidité et les insectes ; aussi l'emploie-t-on avec réserve dans les constructions.

Outre les couches concentriques qui composent le système ligneux, on aperçoit encore des lignes qui divergent en rayonnant depuis la moelle jusqu'à l'écorce (pl. 2, *fig.* 3, CCC).

Ces lignes ont reçu le nom de *rayons* ou *prolongements médullaires*; elles paraissent destinées à établir une communication directe entre la moelle et l'enveloppe herbacée. Les rayons médullaires, observés sur une coupe horizontale, se présentent sous l'apparence de simples lignes; mais dans un plan oblique ou vertical, ils prennent la forme de lames. Ce sont eux qui, dans les planches de hêtre ou de chêne sciées obliquement, constituent les veines élargies qui donnent à ces planches l'aspect jaspé qu'on leur connaît : les veines ont d'autant plus de largeur que les planches ont été sciées dans le sens le moins oblique à la longueur de la tige. Ce sont encore les rayons médullaires, mis inégalement à nu, au moyen d'une coupe oblique ou verticale, qui constituent ce que les menuisiers appellent *chêne de Hollande*, dont l'espèce n'est autre que celle du chêne ordinaire.

SYSTÈME CORTICAL.

Le *système cortical* ou *l'écorce* est formé de parties analogues à celles du système ligneux, mais avec cette différence capitale, que ces parties se superposent en sens contraire ; c'est-à-dire que les couches les plus anciennes sont refoulées vers la circonférence, tandis que, dans le système ligneux, ces mêmes couches viennent successivement se grouper autour du centre.

DU LIBER ET DES COUCHES CORTICALES.

Le *liber*, ainsi nommé à cause de la ressemblance de ses feuillets avec ceux d'un livre, est cette partie intérieure de l'écorce qui se trouve accolée contre l'aubier.

L'âge augmente sa consistance.

Le liber est d'une nécessité indispensable pour la végétation. Un arbre privé de liber ne tarde pas à périr ; une greffe ne reprend qu'autant que son liber est en contact avec celui du végétal sur lequel on l'insère.

C'est à l'aide du *cambium*, espèce de liqueur visqueuse dont l'origine n'est pas encore bien connue, que s'opère la soudure des greffes, ainsi que la cicatrice des plaies dont l'écorce est affectée. C'est encore lui qui, chaque année, produit une couche d'aubier et une couche de liber. Le cambium, non plus que la séve qui l'entretient et le renouvelle, n'agit pas dans toutes les saisons ; son état de repos paraît dépendre du froid.

Le développement successif des feuillets du liber constitue *les couches corticales*. Celles-ci s'appuient les unes sur les autres, à la manière des couches ligneuses ; il est généralement impossible de les distinguer du liber.

Les fibres des couches corticales sont douées d'une grande ténacité ; au moyen d'une macération préliminaire ou rouissage, on les divise en fils extrêmement ténus qui servent à fabriquer des tissus et des cordages.

De l'enveloppe herbacée.

L'*enveloppe herbacée*, à laquelle on donne aussi le nom de *moelle externe*, par suite de son analogie avec la moelle proprement dite, est cette partie de l'écorce située entre les couches corticales et l'épiderme.

Elle est ordinairement verte dans les jeunes tiges; c'est elle qui donne aux feuilles leur coloration; dans une espèce de chêne, le *chêne-liége*, elle acquiert un volume considérable, et forme la substance connue sous le nom de *liége*.

De l'épiderme.

L'épiderme est cette lame mince et transparente qui borne extérieurement la tige.

De toutes les parties du végétal, l'épiderme est celle qui résiste le plus longtemps à la décomposition; ses fonctions consistent à protéger la plante contre les intempéries de l'air.

L'épiderme, à l'état de jeunesse, est généralement lisse; mais, comme son extensibilité est limitée, il se déchire quand la tige a acquis un certain diamètre; quelquefois il se détache par plaques, comme dans le bouleau, le platane, le cerisier.

L'épiderme se renouvelle avec une extrême facilité. Lorsqu'il adhère au végétal, la couleur qu'il présente ne lui appartient pas; il ne fait que reproduire celle du tissu sur lequel il est appliqué.

L'épiderme est parsemé de petites ouvertures microscopiques, nommées *stomates*, que l'on croit destinées à la transpiration du végétal : son origine et sa nature ne sont pas encore connues.

Tels sont les différents organes que présente la structure anatomique de la tige chez les végétaux dicotylédonés. Ces organes ne sont pas toujours réunis ensemble sur le même végétal; parfois, même, ils sont tellement soudés les uns aux autres, qu'il est impossible de les distinguer ; mais il est facile, en se rappelant la composition d'une tige dicotylédone, complète dans toutes ses parties, de suppléer par la pensée à celles qui manquent, ou de les isoler en cas de soudure intime.

—

DE LA STRUCTURE ANATOMIQUE DES TIGES DANS LES VÉGÉTAUX MONOCOTYLÉDONÉS.

La tige des végétaux dicotylédonés présente un ordre constant de superposition dans les couches des systèmes ligneux et cortical qui la composent. Ainsi les couches du système ligneux sont autant de cylindres emboîtés les uns dans les autres, dont les plus âgés occupent le centre du végétal ; les couches du système cortical, placées vers la circonférence, se développent en sens contraire à celui des couches ligneuses, c'est-à-dire que les plus anciennes sont rejetées loin du centre : il n'en est pas de même dans les végétaux monocotylédonés ; leur tige, nommée stipe, offre une structure entièrement différente.

Les plantes monocotylédonées, en effet, n'ont plus ni canal ni prolongements médullaires ; leurs fibres ligneuses, écartées les unes des autres, sont dispersées sans régularité au milieu de la moelle qui occupe toute la largeur du stipe ; les fibres les plus anciennes et les plus dures occupent la circonférence, tandis que les plus jeunes et les plus tendres se trouvent au centre (planche 2, *fig.* 4).

D'autres caractères séparent encore la tige dicotylédonée du stipe des végétaux monocotylédonés.

Dans les plantes dicotylédonées, l'augmentation de la tige résulte du cambium qui, chaque année, forme une couche d'aubier et une couche de liber ; dans les plantes monocotylédonées, l'accroissement du stipe dépend du bourgeon terminal.

La tige des végétaux dicotylédonés se ramifie ordinairement parce que les bourgeons latéraux traversent aisément l'écorce ; le stipe des végétaux monocotylédonés est généralement simple, parce que les bourgeons ne peuvent percer les fibres extrêmement dures de la circonférence.

Enfin, les plantes dicotylédonées croissent pendant toute leur vie en hauteur, largeur et épaisseur ; dans les plantes monocotylédonées, l'accroissement en diamètre n'est que temporaire.

Le développement des végétaux monocotylédonés a lieu de la manière suivante :

Après la germination, les feuilles se développent en forme d'anneau autour du collet de la racine. La seconde année, le bourgeon terminal produit un second anneau de feuilles au-dessus des premières, qui, en se flétrissant, ont formé un cercle avec leurs bases persistantes. Chaque année un nouveau bourgeon terminal ajoute, en se développant, un nouvel anneau au stipe ; et celui-ci croît dans son diamètre jusqu'à ce que la base per-

sistante des feuilles oppose au bourgeon terminal une résistance qui empêche le développement en largeur. De cette particularité
d'accroissement chez les végétaux monocotylédonés, il résulte que le stipe de ceux-ci est
formé d'anneaux superposés, au lieu de couches
concentriques que présente la tige des végétaux dicotylédonés.

§ 3. — APPENDICES DE LA TIGE.

Des bourgeons.

L'extrémité et la surface des tiges offrent,
pendant le cours de la végétation, de petits
renflements que l'on désigne vulgairement
sous le nom d'*yeux*. Lorsque ces renflements
ont acquis un certain développement, ils constituent les *boutons*, et ne font aucun progrès
pendant l'état stationnaire de la séve ; ce n'est
que lorsque celle-ci est en activité, que les

boutons se gonflent : ils reçoivent alors la dé-nomination de *bourgeons*.

Les bourgeons sont des organes de nature variée, renfermant tantôt les rudiments des branches, tantôt les rudiments des feuilles et des fleurs.

Coupé transversalement vers la base, le bourgeon offre : 1° au centre, une substance médullaire communiquant avec la moelle de la tige à laquelle il appartient ; 2° tout à fait à l'extérieur, des écailles superposées comme les tuiles d'un toit, et dont le but est de protéger les parties intérieures du bourgeon : quelquefois, ces écailles sont visqueuses, et l'intérieur du bourgeon est garni d'une matière cotonneuse, comme dans le marronnier d'Inde.

Les bourgeons sont ordinairement visibles à l'extérieur, longtemps avant leur développement ; dans certaines plantes, comme l'acacia, ils n'apparaissent qu'au moment de leur épanouissement,

On distingue plusieurs sortes de bourgeons,

savoir : les bourgeons proprement dits, le turion, les tubercules, et les bulbes ou oignons.

Des bourgeons proprement dits.

Les *bourgeons proprement dits* sont ceux
qui se développement sur la tige ou les branches exposées à l'air et à la lumière, au contraire des autres bourgeons qui sont tous souterrains. Ils se divisent en *bourgeons nus* et
en *bourgeons écailleux*; les premiers n'ont
pas d'écailles, tels sont ceux de la plupart des
plantes herbacées : comme le blé, le chanvre,
le colza; les seconds sont revêtus d'écailles,
tels sont les bourgeons de la plupart des arbres : exemple, le marronnier d'Inde, le
chêne, le peuplier.

Les bourgeons proprement dits se distinguent encore en bourgeons foliifères, florifères et mixtes.

Les *bourgeons foliifères* ne renferment que

des feuilles ; ils sont généralement allongés en pointe.

Les *bourgeons florifères* ne renferment que des fleurs ; ils sont ordinairement courts et arrondis.

Les *bourgeons mixtes* sont ceux qui renferment à la fois des feuilles et des fleurs, comme dans le lilas.

Les bourgeons proprement dits sont exclusivement propres aux végétaux dicotylédonés ; leur développement commence par les bourgeons supérieurs et se continue de haut en bas. Un seul arbre, suivant M. Decandolle, ferait exception à cette règle, c'est le mélèze.

Du turion.

Le *turion* est un bourgeon souterrain, propre aux plantes vivaces, et développant chaque année de nouvelles tiges ; tel est l'espèce de bourgeon que l'on observe dans l'asperge.

Des tubercules.

Les *tubercules* sont des renflements charnus et souterrains des tiges. On les compare
à des bourgeons, parce qu'ils sont toujours
pourvus d'yeux cachés : ce caractère les distingue des racines, avec lesquelles on les con-
fond vulgairement.

Les tubercules les plus remarquables par
leur utilité, sont ceux de la pomme de terre
et du topinambour.

De la bulbe.

La *bulbe*, vulgairement oignon, est une espèce de bourgeon souterrain, particulier à
certaines plantes vivaces, notamment aux végétaux monocotylédonés. Elle est formée d'é-
cailles superposées, dont les intérieures charnues, et les extérieures généralement minces
et sèches, reposent sur un plateau commun,

véritable tige discoïde ; le plateau est terminé par des racines.

Lorsque les écailles sont d'une seule pièce, et embrassent toute la circonférence de la bulbe, comme dans l'oignon ordinaire, la bulbe est dite *bulbe en tuniques ;* on nomme *bulbe écailleuse,* celle dont les écailles, libres par leurs bords, se recouvrent comme les tuiles d'un toit : telles sont les bulbes de l'impériale, du lis blanc. Enfin, on dit que la bulbe est *solide,* lorsque les tuniques sont tellement soudées entre elles, qu'elles ne présentent qu'une masse uniforme. Exemple : les bulbes du colchique, du safran.

On nomme *cayeux* les petites bulbes partielles renfermées dans une enveloppe commune. Exemple : l'ail ordinaire. Ce sont les cayeux de cette plante que l'on appelle vulgairement gousses d'ail.

CHAPITRE III.

DES FEUILLES.

Les *feuilles* sont des organes généralement planes et verdâtres, de forme très-variée, ayant peu d'épaisseur, naissant súr la tige et les branches, ou partant quelquefois du collet de la racine.

Les feuilles, avant leur épanouissement, sont renfermées dans des bourgeons ; elles y sont diversement disposées les unes à l'égard des autres, mais toujours de la même manière dans les plantes de la même espèce. Les différentes positions qu'elles y affectent ont reçu le nom de *préfoliation*.

Les feuilles paraissent provenir de l'épanouissement d'un faisceau de fibres qui sort de la tige. Ces fibres, en s'étalant, forment un réseau (planche 3, *fig.* 1re) dont les mailles sont remplies par une substance ordinairement verdâtre, nommée *parenchyme*, analogue à l'enveloppe herbacée de la tige, et protégée extérieurement par une pellicule transparente à laquelle on donne le nom d'*épiderme*.

Lorsque le faisceau de fibres s'épanouit au sortir immédiat de la tige, la feuille est dite *sessile* ; telle est celle du mouron rouge.

Au contraire, lorsque, avant de s'épanouir, le faisceau de fibres se rassemble en un corps généralement étroit et cylindrique, ce corps, appelé vulgairement queue de la feuille, est désigné en botanique sous le nom de *pétiole*, et la feuille est dite *pétiolée*. Telles sont les feuilles du lilas, du marronnier d'Inde, du poirier et du plus grand nombre des plantes.

La portion étalée de la feuille se nomme *disque* ou *limbe*.

Les feuilles, sessiles ou pétiolées, offrent deux faces, l'une supérieure et l'autre inférieure. La première, ordinairement plus lisse, plus ferme, plus franchement verte, revêtue d'un épiderme plus adhérent, n'offre qu'un petit nombre de pores corticaux ; la seconde compte un plus grand nombre de pores : ces pores servent à l'absorption des fluides et à la transpiration du végétal. La face inférieure des feuilles présente, en outre, cette particularité remarquable, que les nervures y sont plus saillantes qu'à la face supérieure.

On appelle *nervures* les fibres épanouies du pétiole ; la nervure qui fait suite au pétiole et partage ordinairement la feuille en deux parties égales, prend le nom spécial de *nervure médiane* (planche 3, *fig.* 1re, A). Plus le nombre proportionnel des nervures est grand, plus la feuille a de consistance. Les terrains secs favorisent singulièrement le développement des nervures ; au contraire, les plantes qui croissent dans les terrains humides ont généralement leurs feuilles très-molles, parce que les nervures étant peu nombreuses, et les intervalles qui les séparent très-larges, le parenchyme s'y trouve d'autant plus développé.

Toutes les feuilles peuvent se rapporter à deux grandes sections : les feuilles simples et les feuilles composées.

Des feuilles simples.

Les *feuilles simples* sont celles chez lesquelles le pétiole ne se ramifie pas, et dont le limbe est composé d'une seule pièce, tantôt entière, tantôt plus ou moins profondément divisée, mais où chaque division ne fait, vers la base, qu'un seul corps avec les divisions voisines, de telle sorte, qu'on n'en peut détacher une sans lacérer les deux autres entre lesquelles elle se trouve placée *(fig. 2, A A)*.

Telles sont les feuilles du lilas, de l'olivier, du pissenlit, du lierre, du platane.

Des feuilles composées.

On appelle *feuilles composées* les feuilles qui sont formées de l'assemblage de plusieurs petites feuilles séparées les unes des autres dans toute leur longueur, et auxquelles on donne le nom de *folioles* (*fig.* 3, A A). Telles sont les feuilles du rosier, de l'acacia, du sureau, du sainfoin, du frêne, du chanvre.

Les folioles sont portées tantôt sur un pétiole simple, comme la feuille du marronnier d'Inde, du trèfle ; tantôt sur un pétiole rami- fié, nommé *rachis* ; telles sont les feuilles de certains mimosa.

Les folioles se distinguent, en outre, en fo- lioles articulées, c'est-à-dire pourvues d'une articulation à la base, et en folioles inarticu- lées. Celles qui sont articulées peuvent exécuter certains mouvements dont le plus remarquable consiste à faire occuper aux folioles, pendant la nuit, une position différente de celle qu'elles avaient pendant le jour. Ce phénomène nocturne, très-visible dans les feuilles d'acacia, de trèfle, de sainfoin, de luzerne, a reçu le nom de *sommeil des feuilles*; il n'a pas lieu dans les folioles inarticulées.

Les feuilles, soit simples, soit composées, reçoivent encore des dénominations spéciales suivant le lieu d'où elles naissent, leurs positions sur la tige ou les rameaux, et le temps plus ou moins long pendant lequel elles restent ou persistent sur ces organes.

Relativement au lieu d'où elles naissent, les feuilles sont dites :

1° *Séminales*, lorsqu'elles proviennent des cotylédons, c'est-à-dire de l'amande. Telles sont, par exemple, les premières feuilles qui se développent dans le haricot, la fève, le pois ;

2° *Radicales*, quand elles naissent du collet

de la racine, comme dans la marguerite des prés, la primevère, le plantain;

3° *Caulinaires*, lorsqu'elles viennent sur la tige : c'est ce qui a lieu dans la plupart des végétaux.

D'après leur position sur la tige ou sur les rameaux, les feuilles sont opposées ou alternes.

Les feuilles sont *opposées*, quand elles sont situées vis-à-vis l'une de l'autre sur un même plan transversal. Exemple : le mouron, l'œillet, l'olivier (*fig.* 4).

On les dit *alternes*, quand elles sont échelonnées sur la tige, de telle manière que leurs points d'insertion ne soient pas placés vis-à-vis les uns des autres. Exemple : le pommier, le pêcher, l'amandier (*fig.* 5).

Une espèce particulière de feuilles alternes a reçu le nom de *feuilles engaînantes*. On appelle ainsi les feuilles sessiles-alternes dont la base embrasse une partie de la tige. Telles sont les feuilles du blé, de l'orge, de l'avoine.

Considérées d'après leur durée sur la tige ou sur les rameaux, les feuilles sont caduques, décidues, ou persistantes.

On nomme *feuilles caduques* celles dont la chute suit de près l'apparition ; *feuilles décidues* celles qui tombent, chaque année, à la fin de la végétation : telles sont celles de la plupart des plantes.

Les *feuilles persistantes* sont celles qui restent ou persistent plus d'une année sur la plante, comme les feuilles du buis, du pin, et généralement de tous les arbres désignés, en conséquence, sous le nom d'*arbres verts*.

La chute des feuilles paraît avoir pour cause l'action du froid. Dans nos climats, elle commence vers l'automne ; on a remarqué que les feuilles qui viennent de bonne heure tombaient les premières, et que les feuilles sessiles persistaient plus longtemps que les feuilles pétiolées.

Les feuilles jouent un grand rôle dans la végétation. Ce sont, en quelque sorte, des racines aériennes qui puisent dans l'atmosphère les fluides nourriciers, surtout par leur face inférieure ; les pores placés à la face supérieure servent à la transpiration du végétal.

C'est encore dans les feuilles, et dans leur partie verte principalement, que s'opère la décomposition de l'acide carbonique, élément gazeux de l'atmosphère : ce phénomène a lieu de la même manière et dans les mêmes circonstances que celui présenté par l'enveloppe herbacée de la tige.

Usages économiques des feuilles.

Les feuilles d'un grand nombre de plantes sont usitées comme aliments, telles sont les feuilles du chou, de la chicorée, de l'oseille, des mâches. C'est à la lumière que les feuilles doivent leur coloration et leur saveur ; aussi, en les privant de lumière, les rend-on blanches et aqueuses. C'est un procédé semblable que les jardiniers emploient lorsqu'ils veulent faire *blanchir* les salades ; ils rapprochent les feuilles les unes contre les autres, de telle manière que le centre ou le cœur soit privé du contact de la lumière.

La médecine emprunte aux feuilles de nombreux médicaments. Ainsi, comme émollients, on administre les feuilles de la guimauve, de la poirée ; comme toniques, les feuilles de la petite centaurée et de la véronique officinale ; les feuilles du cresson, des menthes, de l'oranger, de la sauge, sont excitantes ; enfin, parmi les plantes vireuses, dont il faut user avec une grande précaution, on peut citer surtout celles de la pomme épineuse, de la ciguë, de la belladone et de la digitale pourprée.

Organes accessoires des feuilles. — Des stipules et des vrilles.

Quelquefois on trouve à la base des feuilles de petits appendices semblables à des écailles,

comme dans le tilleul, le saule, le rosier ; ces
organes se nomment *stipules* : on ne les rencontre jamais dans les plantes monocotylédonées ; leurs fonctions ne sont pas encore bien
connues.

On donne le nom de *vrilles* aux appendices
filamenteux, tantôt simples, tantôt composés,
qui, dans la vigne, les vesces, les haricots,
s'accrochent aux corps voisins, et concourent
de cette manière à soutenir les végétaux faibles et grimpants.

Les vrilles partent d'origines très-diverses.

CHAPITRE IV.

DE LA MULTIPLICATION DES VÉGÉTAUX AU MOYEN DES ORGANES DE LA NUTRITION, C'EST-A-DIRE PAR BOUTURES.

Les organes de la nutrition, essentiellement destinés à la vie isolée des végétaux, peuvent encore servir à multiplier les individus ; la tige, sous ce rapport, est l'organe par excellence, mais elle doit être munie de bourgeons : elle fournit alors au cultivateur les moyens de continuer la plante jusque dans ses variétés. Cette multiplication, qu'il ne faut pas confondre avec la reproduction par graines, a reçu le nom général de *boutures*.

On distingue trois modes principaux de multiplication par boutures, savoir : la marcotte, la bouture proprement dite et la greffe.

La *marcotte* tient à la plante mère.

L'opération du marcottage consiste à choisir un rameau pourvu de bourgeons que l'on couche en terre pour forcer ces organes à s'allonger en racines, et les empêcher de revêtir la forme de branches qu'ils subiraient s'ils étaient soumis à l'air libre.

Une des conditions essentielles pour la réussite d'une marcotte, c'est que la terre dans laquelle on l'a plongée ait été bien préparée et soit maintenue dans un certain degré de fraîcheur. On sèvre la marcotte, c'est-à-dire on la détache de la plante mère, lorsqu'on juge que le bourgeon a parcouru toutes les périodes voulues pour sa métamorphose en racines.

C'est par marcotte que l'on multiplie les œillets, les groseilliers, les rosages, la vigne.

La *bouture proprement dite* est séparée de la plante mère ; elle consiste à mettre en terre un rameau pourvu de bourgeons : sa réussite est soumise aux mêmes conditions que pour la marcotte.

C'est par la bouture proprement dite qu'on multiplie l'osier, le mûrier, le peuplier, et un grand nombre de plantes utiles.

La *greffe* est une opération par laquelle on ente sur un végétal un *scion*, c'est-à-dire une jeune tige munie de bourgeons, qui se développe et s'identifie avec le sujet sur lequel elle a été implantée. Les greffes les plus usitées sont :

1° La *greffe en fente*, qu'on pratique généralement en fendant la tête du végétal en deux parties, et en insérant dans cette fente le scion que l'on veut greffer ;

2° La *greffe en écusson*, qu'on exécute en affrontant l'écorce d'un *végétal-sujet* avec l'écorce d'une autre plante, munie d'un ou de plusieurs bourgeons ;

3° La *greffe par approche*, qui consiste à rapprocher deux végétaux enracinés et voisins, et à les souder par quelque point de leur étendue, au moyen de plaies semblables et correspondantes.

Quelle que soit l'espèce de greffe que l'on pratique, une des conditions indispensables pour sa réussite, c'est que les parties conjointes soient garanties du contact des agents extérieurs, dont l'effet empêcherait leur soudure.

Dans ce but, le cultivateur garantit la greffe des influences fâcheuses de l'atmosphère au moyen de matières appropriées, telles que la laine pour les greffes en écusson, la bouse de vache mêlée de terre ou bien une préparation résineuse pour la greffe en fente et la greffe par approche ; seulement, à l'égard de cette dernière, il est indispensable de maintenir les deux sujets rapprochés l'un de l'autre.

La transplantation d'un bourgeon sur un individu de la même espèce est une opération qui manque rarement ; mais lorsqu'on

l'insère sur un individu d'une espèce différente, il est nécessaire que ces espèces aient
entre elles de l'analogie. Par exemple, les
espèces doivent être de nature à entrer en
séve vers le même temps, et la quantité de
séve absorbée par l'une et par l'autre doit
être à peu près égale : le meilleur guide à
suivre, dans ces sortes d'opérations, est de
conserver les rapports établis par la nature
entre les végétaux : or, on sait que la greffe
réussit mieux sur les plantes de même famille et de même genre, que sur des plantes
de genre et de famille différents.

Deuxième Section.

DES ORGANES DE LA REPRODUCTION.

La racine, la tige et les feuilles suffisent rigoureusement à la vie de la plante, qui, bornée aux organes de la nutrition, ne doit être considérée que comme un être isolé, végétant exclusivement pour lui-même ; mais il est d'autres organes non moins importants ; ce sont les organes de la reproduction, dont le but est de propager le végétal en donnant naissance à des individus qui reproduiront l'espèce.

L'étude des organes de la reproduction peut

être divisée en deux parties. Sous le nom général d'*organes de la floraison*, la première
partie comprend la fleur et ses accessoires,
tels que le calice, la corolle ; la seconde, sous
le nom spécial d'*organes de la fructification*,
comprend le fruit et les différents organes qui
le composent.

ARTICLE Iᵉʳ.

DES ORGANES DE LA FLORAISON.

—

CONSIDÉRATIONS GÉNÉRALES SUR LA FLEUR.

On attache ordinairement au mot fleur une idée fausse. La partie du végétal la plus remarquable par sa forme et par ses couleurs brillantes est celle qu'on prend, en général, pour la fleur; mais, dans le langage botanique, la *fleur* n'est que l'organe mâle ou femelle destiné à reproduire la plante, c'est-à-dire l'étamine ou le pistil; les parties colorées qui l'accompagnent n'en sont que les appendices.

L'étamine constitue l'organe mâle, le pistil l'organe femelle (planche 4, *fig*. 1 et 2).

Le pistil et les étamines sont ordinairement réunis sur la même plante et dans la même enveloppe ; la fleur, dans ce cas, est *hermaphrodite*, c'est-à-dire mâle et femelle : exemple, le lilas, la giroflée, l'amandier, la primevère, l'olivier.

La fleur est *unisexuée* lorsque la plante ne porte qu'une seule espèce d'organe, soit mâle, soit femelle : le saule, le pistachier, le frêne élevé, offrent des exemples de fleurs unisexuées ; ces plantes sont en général moins nombreuses que les plantes hermaphrodites.

La fleur unisexuée, n'aurait-elle qu'une seule étamine, qu'un seul pistil, existerait comme fleur, mais elle serait *incomplète*, car elle manquerait de calice et de corolle ; une fleur est donc seulement *complète*, lorsque, pourvue d'étamine et de pistil, elle s'enveloppe d'un calice et d'une corolle (*fig*. 3, A, B) : exemple, le liseron des champs, la primevère, la giroflée. Tous les organes en dehors du calice n'appartiennent plus en propre à la fleur complète; ils n'en sont que des dépendances; telles sont les feuilles florales et les bractées.

On donne le nom de *feuilles florales* aux feuilles qui avoisinent les fleurs. En général, elles sont petites et rabougries; lorsqu'elles diffèrent beaucoup des autres feuilles par leur grandeur, leur forme ou leur couleur, on les désigne sous le nom commun de bractées.

Les *bractées* sont des appendices analogues aux *stipules* : leur forme, leur couleur et leur consistance varient. Lorsqu'elles sont rangées régulièrement autour des fleurs, elles prennent le nom général d'involucre ; tel est l'involucre de la carotte, de la ciguë, du cerfeuil. Ce sont ces bractées, disposées régulièrement autour des fleurs de l'artichaut, qui constituent ce que l'on nomme vulgairement *feuilles d'artichaut*. Dans les végétaux monocotylédonés, l'involucre prend le nom de spathe : exemple, l'ail, l'oignon, les iris.

Les fleurs, hermaphrodites ou unisexuées, complètes ou incomplètes, adhèrent à la plante, tantôt sans aucun support particulier, et alors on les nomme *fleurs sessiles* ; tantôt elles sont portées sur un prolongement appelé vulgairement queue de la fleur, et que les botanistes désignent sous le nom de *pédoncule*; dans ce cas, les *fleurs* sont dites *pédonculées*. Lorsque le pédoncule part immédiatement du collet de la racine, on lui donne le nom spécial de *hampe* : exemple, la primevère, le plantain.

Avant leur épanouissement, les fleurs sont renfermées dans des boutons ; on appelle *préfleuraison* les positions variées qu'elles y affectent.

On nomme *inflorescence* la disposition générale des fleurs par rapport à la tige ; les principales inflorescences sont l'épi, le chaton et l'ombelle.

Les fleurs sont *en épi* lorsque, sessiles ou pédonculées, elles sont disposées sur un axe commun, persistant et non ramifié, comme dans le blé, l'orge ; quand l'épi offre des ramifications serrées les unes contre les autres, on lui donne le nom de *grappe;* exemple : le lilas, la vigne ; lorsque les divisions de l'épi sont très-écartées les unes des autres, l'épi prend le nom de *panicule* ; exemple : l'avoine, le maïs.

Le *chaton* est une sorte d'épi composé de fleurs unisexuées, très-serrées les unes contre les autres, et soutenues par des bractées écailleuses. Tel est le mode d'inflorescence du peuplier, du saule, du noisetier. Ces fleurs tombent toutes en même temps et entraînent dans leur chute l'axe autour duquel elles étaient groupées.

Enfin, les fleurs sont dites *en ombelle* quand les pédoncules, soit simples, soit ramifiés, partent tous d'un point commun, divergent en rayonnant, et arrivent presque à la même hauteur, de telle sorte que les pédoncules extérieurs soient les plus longs. Telle est l'inflorescence des primevères, des ornithogales, des carottes et de toutes les plantes *ombellifères* dont le nom de famille est emprunté à ce caractère.

Le mode d'inflorescence le plus simple est celui où la fleur est *terminale*, c'est-à-dire solitaire à l'extrémité d'une tige, comme dans la tulipe ; ou bien *axillaire*, c'est-à-dire naissant à l'aisselle des feuilles, comme dans la pervenche.

L'épanouissement des fleurs s'opère régulièrement.

Dans l'inflorescence en épi, les fleurs les plus inférieures sont celles qui se développent les premières ; dans l'inflorescence en ombelle, l'épanouissement commence par les fleurs placées à la circonférence ; dans l'une et l'autre inflorescence, l'épanouissement continue en se rapprochant du sommet de l'épi ou du centre de l'ombelle : cette loi générale souffre peu d'exceptions.

ARTICLE II.

APPENDICES DE LA FLEUR.

—

Du calice et de la corolle.

Le calice et la corolle sont des parties accessoires de la fleur proprement dite ; on les désigne sous le nom commun d'*enveloppes florales* ou de *périgone*.

Le périgone est simple ou composé. Il est simple, lorsqu'il n'offre pas la réunion simultanée du calice et de la corolle ; dans ce cas, il prend le nom particulier de calice, quelles que soient sa couleur et sa forme ; exemple : le lis, la tulipe, l'ixia, le safran, l'ellébore fétide.

Les plantes monocotylédonées n'ont jamais qu'un périgone simple.

Le périgone composé est celui qui est formé d'un calice et d'une corolle ; exemple : la giroflée, le liseron des champs, la violette, l'olivier, le sorbier, la pomme de terre.

Le calice et la corolle sont généralement regardés par les botanistes comme des feuilles modifiées : leur usage est de protéger la fleur.

du calice.

Le *calice* est l'enveloppe florale la plus extérieure du périgone composé ; exemple : la giroflée, la campanule, l'amandier ; ou bien le périgone lui-même, lorsqu'il est simple ; exemple : la tulipe, la jacinthe, le colchique.

Le calice est formé d'une ou de plusieurs pièces : ces pièces, nommées *sépales*, sont généralement vertes, et au nombre de cinq : elles forment un anneau autour de la fleur, et peuvent être considérées comme un involucre particulier.

Tantôt les sépales sont distincts les uns des autres dans toute leur longueur, et le calice est alors appelé *polysépale* (*fig.* 4); exemple : la giroflée, le cresson, le pavot; cette espèce de calice tombe ordinairement aussitôt que la fleur est fécondée. Tantôt les sépales sont tous réunis par leur base, et plus ou moins complétement soudés par le reste de leur marge : le calice prend alors le nom de *calice monosépale*, tel est le calice du lilas, de la primevère, de l'œillet (*fig.* 5) : cette espèce de calice persiste ordinairement jusqu'à la maturité du fruit. Il est formé de trois parties, savoir :

1° Le *tube,* ou la partie inférieure, ordinairement allongée en cylindre, et résultant de sépales soudés;

2° Le *limbe,* ou la partie supérieure, composée de segments plus ou moins libres et plus ou moins étalés;

3° La *gorge*, ou la ligne de séparation entre le tube et le limbe : cette dernière partie est souvent difficile à déterminer d'une manière précise.

De la corolle.

Le périgone simple n'est jamais qu'un calice ; l'enveloppe florale la plus intérieure du périgone composé constitue la *corolle ;* exemple : la giroflée, le lilas, la primevère : les couleurs de cette enveloppe sont extrêmement variées.

De même que le calice, la corolle se compose d'une ou de plusieurs pièces ; ces pièces ont reçu le nom de *pétales.*

Tout pétale est formé de deux parties, savoir : 1° l'*onglet*, ou cette partie inférieure et rétrécie par laquelle il est fixé ; 2° la *lame,* ou cette partie supérieure et élargie qui surmonte l'onglet.

Tantôt les pétales sont distincts les uns

des autres dans toute leur longueur, et la corolle est alors appelée *polypétale* ; exemple : la giroflée, l'œillet, la rose (*fig.* 6). Tantôt les pétales sont réunis à la base, et soudés plus ou moins complétement dans le reste de leur longueur ; la corolle prend alors le nom de *corolle monopétale* ; telles sont les corolles du lilas, de la primevère, de la pomme de terre (*fig.* 7).

La corolle monopétale donne généralement insertion aux étamines, et persiste plus long-temps que la corolle polypétale ; elle présente en outre trois parties bien distinctes, de même que le calice monosépale ; ce sont : le *tube*, le *limbe* et la *gorge* ; ces expressions ont la même signification dans l'une et l'autre enveloppe.

La corolle, soit monopétale, soit polypétale, peut être régulière ou irrégulière.

La corolle est régulière lorsque les pétales ou les divisions qui la composent sont uniformes et constituent un ensemble symétrique ;

exemple : la primevère, la rose, la bourrache. Elle est irrégulière lorsque ses pétales ou ses divisions diffèrent les unes des autres et ne constituent pas un ensemble symétrique ; exemple : la sauge, la violette, le haricot.

Le calice et la corolle se reconnaissent ordinairement avec facilité dans la plupart des végétaux, et se ressemblent par des analogies nombreuses ; mais il est quelques plantes qui, pour être définies dans leurs enveloppes florales, exigent des noms spéciaux. Les graminées, par exemple, auxquelles appartiennent le blé, l'orge, l'avoine, le seigle, n'ont point de calice ni de corolle semblables à ceux des autres plantes ; or, on est convenu de regarder comme tels les écailles qui protégent leurs organes sexuels. De là le nom de *glume* par lequel on désigne les deux écailles, analogues au calice, qui servent d'enveloppe générale à tous les organes reproducteurs et s'en trouvent les plus éloignées ; de là aussi le nom de *balle* ou de *glumelle* que l'on applique aux écailles assimilées à la corolle, et les plus voisines des organes de la génération.

ARTICLE III.

DE LA FLEUR PROPREMENT DITE.

La *fleur proprement dite* consiste dans la présence sur le végétal de l'organe mâle ou de l'organe femelle, c'est-à-dire de l'étamine ou du pistil.

De l'étamine.

L'*étamine* constitue l'organe sexuel mâle des végétaux ; elle se compose de trois parties : l'anthère, le pollen et le filet.

L'anthère et le pollen sont les seules parties indispensables.

L'*anthère* est une petite bourse membraneuse, séparée ordinairement en deux loges par une cloison médiane (planche 4, *fig*. 1, A), et renfermant une poussière le plus souvent jaunâtre, nommée *pollen*.

L'anthère est généralement portée sur un petit prolongement filiforme, appelé *filet* (*fig*. 1, B). Lorsque celui-ci n'existe, pas, on la dit *sessile*.

L'anthère s'ouvre ordinairement par une fente longitudinale ; quelquefois cependant la déhiscence a lieu par une fente transversale ; dans la pomme de terre, l'anthère s'ouvre par des pores qui se montrent à son sommet.

Le nombre des étamines est très-variable dans les différents végétaux, mais il surpasse toujours celui des pistils.

En général, le nombre des étamines est proportionnel à celui des divisions de la corolle, et l'on dit alors que les étamines sont en nombre *déterminé* ou *défini* ; lorsque le contraire a lieu, on dit qu'elles sont en nombre *indéterminé* ou *indéfini*. Ordinairement le nombre des étamines égale celui des divisions de la corolle ; les étamines, dans ce cas, sont presque toujours placées devant chaque division du calice et entre chacune des divisions de la corolle. Quand les étamines sont en nombre double de celui des divisions de la corolle, alors la moitié des étamines est placée devant chaque division de la corolle, et l'autre moitié devant chaque division du calice. Si une partie des étamines avorte, l'avortement frappe sur celles qui sont placées devant les divisions de la corolle. Le développement comparatif des étamines suit une marche régulière analogue ; les étamines placées devant les divisions du calice commencent les premières à répandre leur pollen.

Les étamines peuvent être *libres*, c'est-à-dire séparées les unes des autres dans toute leur étendue : c'est ce qui a lieu dans la plupart des plantes; ou bien elles sont *soudées* plus ou moins complétement les unes avec les autres; dans ce cas, on les dit *adhérentes*. Lorsque cette adhérence a lieu par les anthères, les étamines sont appelées *syngenèses*; exemple : le bluet, la chicorée; lorsque l'adhérence s'opère par la soudure des filets, les étamines, alors comparées à des frères étroitement unis, reçoivent des noms spéciaux. Elles sont *monadelphes*, quand tous leurs filets soudés ne forment qu'un seul faisceau; exemple : la mauve, la guimauve. Elles sont *diadelphes*, quand leurs filets se soudent en deux corps distincts; exemple : le haricot, l'acacia. Elles sont *polyadelphes*, quand les filets réunis entre eux forment plusieurs faisceaux ou *androphores*; exemple : le millepertuis.

Le plus souvent, les étamines d'une même fleur sont toutes égales entre elles; quelquefois, cependant, elles sont inégales. Tantôt cette disproportion est symétrique, tantôt elle est irrégulière; or, bien que cette inégalité produise des combinaisons constantes et tranchées, deux seulement ont reçu des noms particuliers. Ainsi, on dit que les étamines sont *didynames*, quand la fleur contient quatre étamines dont deux sont constamment plus courtes; exemple : le thym, le mufle de veau, l'ortie blanche.

On les dit *tétradynames* lorsque la fleur renferme six étamines dont deux sont plus petites que les quatre autres; exemple : la giroflée, le chou, le radis.

Souvent, par suite de l'affluence excessive des sucs nourriciers sur la fleur, les étamines se transforment en pétales, et la corolle *double* plus ou moins; il résulte de cette métamorphose que, plus la fleur est doublée, moins la plante a de chances de reproduction au moyen de la graine. Cette altération du végétal, objet constant des efforts de l'horticulteur, est une monstruosité aux yeux du botaniste, qui considère la plante non comme un

être isolé, mais bien comme le type de l'espèce tout entière.

Du pistil.

Le pistil constitue l'organe sexuel femelle
dans les végétaux. Placé presque toujours au
centre du périgone, il est souvent sessile au
fond des enveloppes florales ; quelquefois, cependant, comme dans le fraisier, il repose sur
un prolongement spécial, nommé *gynophore*.

Le pistil est composé de trois parties : l'o-
vaire, le style et le stigmate (planche 4, *fig.* 2,
A, B, C).

L'*ovaire* est cette partie la plus inférieure
du pistil, ordinairement renflée, et présentant, lorsqu'on la coupe transversalement,
une ou plusieurs cavités où les graines sont
renfermées et acquièrent leur maturité.

L'ovaire est généralement de forme ovale ;
cependant il est comprimé et très-allongé
dans certaines plantes, notamment dans la gi-

roflée, le cresson, la vesce, l'acacia, le haricot.

Ordinairement, l'ovaire est *libre*, c'est-à-dire que, sans adhérer avec le calice, sa base correspond au point du réceptacle où s'insèrent les étamines et les enveloppes florales ; quelquefois l'ovaire est *adhérent*, c'est-à-dire qu'il est soudé en tout ou en partie avec le calice ; exemple : le poirier, le sorbier, le coignassier.

Le *style* est un prolongement filiforme qui surmonte généralement l'ovaire et se termine par le stigmate. Il peut être simple ou divisé, caduc ou persistant ; ces mots n'ont pas besoin d'explication. Quand le style n'existe pas, le stigmate est dit sessile ; exemple : le pavot, la giroflée.

Le *stigmate* est cette partie la plus élevée du pistil, ordinairement tuméfiée, visqueuse, et destinée à recevoir l'action fécondante du pollen.

Quand le végétal a pris tout son développement, la poussière pollinique se gonfle; elle fait effort pour rompre l'anthère, la déchire, et se répand sur le stigmate qui s'entr'ouvre pour la recevoir: celui-ci impose l'action du pollen aux germes contenus dans l'ovaire; la fécondation est produite.

ARTICLE IV.

DU FRUIT, OU DES ORGANES DE LA FRUCTIFICATION.

—

L'acte mystérieux de la fécondation végétale s'est opéré, la plante touche à son dernier degré de développement ; et de toutes les parties reproductrices qui la composaient, il ne reste plus que l'ovaire ; les autres sont généralement tombées après s'être flétries. L'ovaire, ainsi demeuré seul, subit un nouveau degré de végétation qui commence au moment de la fécondation par le pollen, et se termine à la maturité des graines. A cette époque de la vie du végétal, l'ovaire constitue le fruit ; celui-ci se compose de deux parties : le péricarpe et la graine.

ARTICLE V.

DU PÉRICARPE.

—

On donne le nom de *péricarpe* à cette partie du fruit mûr, formée par les parois de l'ovaire fécondé, et logeant une ou plusieurs graines dans son intérieur. Le point du péricarpe où s'insèrent les graines se nomme *placenta* ou *trophosperme* : sa forme et sa nature varient.

La figure du péricarpe détermine celle du fruit.

Les cavités du péricarpe, renfermant les graines, portent le nom de *loges* (planche 4, *fig.* 8). Ces loges, lorsqu'il en existe plusieurs, sont ordinairement disposées sur un même plan horizontal autour de l'axe du fruit. D'après leur nombre, le fruit est dit uniloculaire ou pluriloculaire; et, suivant qu'elles contiennent une ou plusieurs graines, on les désigne sous le nom de loges monospermes ou polyspermes.

Le péricarpe est souvent divisé à l'extérieur en plusieurs segments distincts; ces pièces ont reçu le nom de valves; d'après leur nombre, le fruit est dit univalve ou plurivalve.

Le péricarpe est composé de trois parties: l'épicarpe, l'endocarpe et le mésocarpe. Jamais aucune d'elles ne manque; mais, quelquefois, elles sont tellement unies entre elles, ou tellement soudées avec la graine, qu'on les distingue très-difficilement, surtout dans les fruits secs.

L'épicarpe est une pellicule mince, souvent colorée, située tout à fait à la circonférence du fruit, et l'enveloppant entièrement. C'est cette partie du fruit que l'on nomme vulgairement peau ou pelure.

L'*endocarpe* est une membrane ordinairement sèche, coriace, qui, posée immédiatement sur la graine, la renferme comme dans une bourse. Lorsque la cavité limitée par l'endocarpe est coupée par des lames, ces lames, ou *cloisons*, partagent la cavité péricarpienne en plusieurs compartiments ; de là, son nom de cavité pluriloculaire ; exemple : l'iris, le lis, la digitale. L'endocarpe acquiert souvent une consistance solide ; ainsi les noyaux que présentent certains fruits ne sont autre chose que l'endocarpe devenu ligneux. On peut s'en convaincre en suivant le développement successif de cette couche tégumentaire, notamment dans le fruit de l'amandier, du pêcher : l'endocarpe offre d'abord peu de consistance ; peu à peu il se durcit et finit par acquérir la dureté qu'on lui connaît.

On donne le nom de *mésocarpe* ou de *sarcocarpe* à la partie du fruit située entre l'épicarpe et l'endocarpe. Suivant que le mésocarpe est charnu ou réduit à une simple pellicule, les fruits portent différents noms : les fruits dont le mésocarpe est charnu se nomment *fruits charnus*; tels sont le melon, la pêche, la pomme, le raisin. Par contre, on appelle *fruits secs* ceux dans lesquels le mésocarpe est membraneux et ne forme qu'une enveloppe mince avec l'épicarpe et l'endocarpe ; tels sont les fruits du blé, du cresson, de l'acacia.

Les principaux fruits secs sont : l'akène, le cariopse, la pixide, la silique, la gousse ou légume, et la capsule.

L'*akène* est un fruit monosperme, indéhiscent, dont le péricarpe est distinct du tégument propre de la graine ; ex. : le fruit des chardons.

Le *cariopse* diffère de l'akène en ce que son péricarpe est tellement soudé avec la graine, qu'il ne peut être isolé sans déchirure ; ex. : le blé, l'orge, l'avoine.

La *pixide* est un fruit déhiscent, ordinairement globuleux, qui s'ouvre en deux valves superposées, au moyen d'une scissure transversale ; ex. : le mouron, le pourpier, la jusquiame.

La *silique* appartient surtout aux plantes crucifères, comme la giroflée, le cresson. C'est un fruit à deux valves, déhiscent, quatre fois plus long que large, dont les graines sont fixées aux deux bords qui mesurent son plus grand diamètre. Quand la silique est à peu près aussi large que longue, elle prend le nom de *silicule* ; ex. : le thlaspi, la lunaire.

La *gousse* ou *légume* est un fruit déhiscent, allongé, dont les graines ne sont attachées que sur l'un des bords latéraux ; tels sont les fruits des haricots, des pois, de l'acacia, des vesces.

Enfin, on donne le nom de *capsule* à tous les fruits secs, déhiscents, qui n'ont pas de forme définie ; exemple : l'œillet, le lis, le pavot.

Les principaux fruits charnus sont :

1° La *pomme* ou *mélonide*, dont le caractère est d'avoir son sommet couronné par le calice persistant ; ainsi, la pomme, le coing ;

2° La *drupe*, dont l'endocarpe est ligneux ; tels sont tous les fruits à noyau ;

3° La *noix*, qui diffère de la drupe en ce que son mésocarpe, nommé *brou*, est plutôt coriace et filamenteux que charnu ; exemple : la noix ordinaire ;

4° Enfin la *baie*, caractérisée par ses graines environnées de pulpe ; exemple : le raisin, la groseille, les tomates.

A certaine époque de la maturité du fruit, un grand nombre de péricarpes s'ouvrent d'eux-mêmes pour donner issue aux graines ; ces péricarpes sont appelés *déhiscents* ; tels sont les péricarpes de l'œillet, du lilas, de l'iris. On nomme *péricarpes indéhiscents* ceux qui ne s'ouvrent pas ; tels sont les péricarpes de la sauge des prés, du blé, de l'avoine, et ceux de la plupart des fruits charnus. Dans ces

derniers, le péricarpe subit une décomposition plus ou moins rapide, qui met la graine
à nu, et supplée, en quelque sorte, à la déhiscence.

ARTICLE VI.

DE LA GRAINE.

—

La *graine* ou *semence* est la partie essentielle du fruit, car elle renferme à l'état rudimentaire tous les éléments d'un nouveau végétal. Elle se compose de deux parties, savoir : l'épisperme et l'amande.

Le péricarpe transmet à la graine les sucs propres à son développement : aussi le péricarpe et la graine communiquent-ils ensemble par quelque point de leur surface. Ce point, nommé *hile* ou *ombilic*, est la vraie limite qui sépare le péricarpe et la graine, et forme la base de celle-ci, quelle que soit sa position :

le sommet de la graine est le point diamétra-
lement opposé au hile. Le hile est toujours
situé sur l'épisperme ; il se présente sous la
forme d'une petite cicatrice, lorsque la graine
est détachée ; exemple : le haricot, le pois, la
fève.

L'*épisperme* est l'enveloppe immédiate de
la graine ; on lui donne vulgairement le nom
de *peau.*

L'épisperme ne forme jamais qu'une cavité
simple ; il est généralement appliqué sur
l'amande ; on ne l'en sépare facilement que
dans les premiers jours de la maturité du
fruit.

L'*amande* est cette partie de la graine renfermée dans l'épisperme, et contenant l'embryon.

L'*embryon* est un végétal en miniature ;
tous les organes de la nutrition s'y trouvent
renfermés jusqu'au moment où la germination
commence.

On entend par germination l'ensemble des

phénomènes que parcourt la graine à l'état de maturité, depuis le moment où elle est confiée à la terre, jusqu'à l'époque où elle se tuméfie, rompt ses téguments, et donne passage à l'embryon développé.

Quelquefois, outre l'embryon, l'amande renferme un autre corps accessoire, nommé *endosperme* ou *périsperme*; on le distingue de l'embryon, en ce que celui-ci est un être rudimentaire, dont la germination développe les parties, tandis que l'endosperme est une masse complète dès son origine, qui, par la germination, se fane et diminue de volume. L'endosperme est ordinairement formé de tissu cellulaire dont les mailles contiennent une substance amylacée, tantôt sèche et farineuse, comme dans le blé, l'avoine, tantôt charnue et oléagineuse, comme dans le ricin; quelquefois cette substance est mucilagineuse. L'endosperme n'adhère jamais à l'embryon : son rôle est de servir de nourriture première à cet organe.

L'embryon est composé de trois parties, savoir : le corps cotylédonaire, la radicule et la plumule (planche 4, *fig.* 9).

Le *corps cotylédonaire* **A** est cette partie que l'on nomme vulgairement l'*amande* dans la prune, la pêche, l'abricot, et qu'en botanique on désigne sous le nom de *cotylédons* ou de *feuilles séminales*. C'est le corps cotylédonaire que l'on emploie comme aliment, dans le pois, la fève, le haricot.

Le corps cotylédonaire peut être simple ; dans ce cas, il n'est formé que d'un seul cotylédon, et la plante est dite *monocotylédonée* : ou bien il est formé de deux cotylédons, et la plante reçoit alors le nom de *dicotylédonée* : les végétaux qui n'ont point de corps cotylédonaire sont désignés sous le nom d'*acotylédonés*.

La *radicule* **B** est cette partie de l'embryon qui doit constituer la racine ; elle se dirige toujours vers la terre, excepté dans le gui, végétal parasite, dont la racine suit indifféremment toutes les directions. La forme de la radicule est en général conique.

Enfin, on donne le nom de *plumule* (*fig*. 10, A) à la petite tige renfermée dans la graine et située entre les cotylédons dans les plantes dicotylédonées. On la reconnaît à ce caractère principal, qu'elle croît en sens contraire à celui de la radicule, c'est-à-dire qu'elle tend à s'élever dans l'air.

Telles sont les différentes parties contenues, à l'état de sommeil, dans la graine, et qui, pour se développer, n'attendent que le moment de la germination. Ce moment arrivé sous l'influence de l'air, de l'humidité et de la chaleur, l'épisperme se déchire, la radicule s'enfonce dans la terre, la plumule prend une direction ascendante, quel que soit l'obstacle qu'elle rencontre ; bientôt les cotylédons se débarrassent de leur enveloppe, et les autres organes se déroulent peu à peu : l'embryon est alors une plante munie de ses organes fondamentaux.

ARTICLE VII.

DES PARTIES ET DES ORGANES QUI SERVENT DE BASE AU CLASSEMENT RAISONNÉ DES VÉGÉTAUX. DE LA CIRCONSCRIPTION ET DE LA NOMENCLATURE PARTICULIÈRES AUX GROUPES BOTANIQUES.

—

Jusqu'ici les organes des plantes ont été considérés sous le double rapport de leur structure et de leurs fonctions ; il reste à les étudier sous le point de vue classique.

Cette marche régulière conduit à discuter l'importance relative des organes : elle met en évidence les modifications que la botanique a subies.

La *racine* de certains végétaux s'entoure, à l'époque de la germination, d'un tégument nommé *coléorhize*. D'après la seule considération de ce tégument passager, Constant Richard a divisé les plantes en trois groupes.

Le premier groupe renferme les végétaux *endorhizes*, c'est-à-dire les plantes dont la radicule est contenue dans une poche, quelquefois membraneuse, quelquefois charnue.

Le deuxième groupe comprend les végétaux *exorhizes*, c'est-à-dire les plantes dont la radicule est nue.

Enfin, le troisième groupe embrasse les végétaux *synorhizes*, c'est-à-dire ceux où la radicule est soudée avec l'endosperme.

Ces particularités difficiles à suivre doivent être rejetées des classifications botaniques, d'autant plus que les groupes les plus naturels contiennent à la fois des plantes sans *coléorhize* et des végétaux *coléorhizés*.

La *tige* fournit de meilleurs caractères au groupement des végétaux.

Le professeur Desfontaines, ayant analysé la structure des tiges, a séparé les végétaux en deux grandes sections. D'un côté, il place les végétaux dont la tige présente à la fois un système ligneux et un système cortical ; de l'autre, il range les végétaux privés de système ligneux, de système cortical, et formés d'anneaux qui, chaque année, se superposent uniformément.

Cette considération organique a pris un nouveau degré d'importance dans la méthode naturelle de Laurent de Jussieu. L'illustre auteur du *Genera plantarum*, observant que les végétaux pourvus de système ligneux et de système cortical germaient avec deux feuilles séminales, leur a donné le nom de plantes *dicotylédonées*. Puis, reconnaissant que les végétaux privés de système ligneux, privés de système cortical, et formés d'anneaux qui se superposent uniformément, germaient avec une seule feuille séminale, il les a nommés plantes *monocotylédonées* ; enfin, pour réunir sous une même dénomination un grand nombre de végétaux qui, dépourvus de feuilles séminales, ne se trouvaient pas compris dans les groupes supérieurs, il les a désignés par l'épithète commune de végétaux *acotylédonés*.

M. Decandolle est venu donner une nouvelle impulsion à ces travaux, quand il a fondé, sur l'examen corrélatif de la structure et de l'accroissement dans les tiges, ses divisions classiques principales.

Ainsi qu'il a été dit précédemment, ce botaniste célèbre impose le nom général de plantes *vasculaires* ou *cotylédonées* aux végétaux qui germent avec une ou deux feuilles séminales, et le nom de plantes *cellulaires* aux végétaux *acotylédonés*. Ensuite, pour résumer, dans une nomenclature expressive, les recherches anatomiques du professeur Desfontaines, il appelle *exogènes* les végétaux dicotylédonés, parce que leur accroissement a lieu de la circonférence vers le centre ; il

appelle *endogènes* les végétaux monocotylédonés, parce que leur accroissement s'effec-
tue du centre vers la circonférence.

La consistance plus ou moins prononcée de
la tige est une considération incomplète, sans
valeur, que la science n'a pas craint de for-
muler. C'est d'après elle seule que Tournefort
a distingué les plantes *herbacées* et les plantes
ligneuses.

Cet auteur, qui naquit en France et vécut
sous Louis XIV, a jeté les premiers fonde-
ments de la classification phytologique. Il a
démontré que la corolle pouvait servir de base
à la formation de groupes systématiques, soit
que l'on en considérât la présence ou l'absence,
soit que l'on en définît les formes variées.

Mais l'examen de la corolle n'introduit pas
dans la science des caractères assez fixes, assez
tranchés, pour que cette partie, malgré les
points de contact qui la rapprochent des organes reproducteurs, soit prépondérante en
fait de classification ; car les formes de la co-

rolle ne sont pas toujours aisément descrip-
tibles, elles ne résistent pas toujours aux nombreux agents qui tendent à les modifier.

Les organes reproducteurs fournissent aux
classifications des caractères préférables à ceux
que peuvent donner les enveloppes florales.

Linnæus, naturaliste suédois, a fait préva-
loir surtout leur importance : en effet, pour
systématiser les végétaux, il s'est contenté de
recueillir les différences caractéristiques des
organes reproducteurs.

La distinction facile et la présence, l'appré-
ciation difficile et l'absence des organes reproducteurs, la réunion et la séparation des
sexes, les adhérences normales que les parties
génératrices contractent ou ne contractent pas
entre elles, le nombre et les dimensions pro-
portionnelles des étamines et des pistils, la
structure de l'ovaire, la puissance et la disposition relative des fleurs mâles et des fleurs
femelles, constituent les seuls matériaux que
Linnæus ait employés dans sa classification.

Mais, bien que ce groupement artificiel des végétaux soit très-ingénieux, par lui sont brisés des rapports naturels que toutes les classifications devraient respecter. En effet, le nombre des étamines et des pistils n'est souvent pas identique, même dans les végétaux réunis par tous les autres caractères qui peuvent signaler une plante; et d'ailleurs le nombre des étamines et des pistils éprouve de fréquentes modifications individuelles par suite de la culture et de la germination pervertie.

La concordance numérique des ovaires et des styles rarement égale, l'extrême difficulté que présente dans quelques cas leur dénombrement, doivent être regardées comme de graves défauts.

Les nuances presque insensibles, les variétés indéfinissables que donnent les proportions et l'adhérence réciproque des étamines, s'opposent à la juste répartition des végétaux qui les possèdent.

Le système botanique de Linnæus a donc

pour seule base la considération de l'appareil générateur. Malgré ses nombreuses imperfections, il a rendu à l'histoire naturelle des plantes d'éminents services ; il en a popularisé l'étude ; et maintenant encore, il est adopté par les voyageurs de préférence aux autres systèmes, grâce à son application plus rapide et plus simple.

En voici l'exposition sommaire.

Linnæus rapporte les végétaux à deux grandes divisions ; dans la première il introduit les plantes qui ont des organes sexuels ou des fleurs proprement dites ; il les nomme *végétaux phanérogames,* indiquant par cette appellation que leurs organes reproducteurs sont visibles : ainsi la rose, la giroflée, la jacinthe. Il les rassemble dans les vingt-trois premières classes de son système.

Les vingt premières renferment les végétaux phanérogames à fleurs hermaphrodites.

Les étamines sont exactement comptées dans les dix premières classes, nommées, d'a-

près le nombre spécial de ces organes, *monan-
drie, diandrie, triandrie, tétrandrie, pentan-
drie, hexandrie, heptandrie, octandrie, en-
néandrie, et décandrie* ; mais dans la onzième
(*dodécandrie*), la douzième(*icosandrie*), la treizième (*polyandrie*), le nombre des étamines
n'a pas de limites bien précises.

La quatorzième et la quinzième classe (*di-
dynamie, tétradynamie*) sont fondées sur la
proportion relative des étamines.

La seizième classe (*monadelphie*), la dix-
septième (*diadelphie*), la dix-huitième (*poly-
adelphie*), la dix-neuvième (*syngénésie*), la
vingtième (*gynandrie*), reposent sur la considération de l'adhérence plus ou moins complète, qui unit entre eux les organes reproducteurs.

La vingt et unième, la vingt-deuxième et la
vingt-troisième classe renferment les plantes
phanérogames unisexuées à fleurs *monoïques*
(monœcie), *dioïques* (diœcie), et *polygames*
(polygamie).

Les fleurs sont appelées *monoïques*, lorsque les étamines et les pistils sont réunis sur la même plante, mais entourés d'enveloppes spéciales ; exemple : le *chêne*, le *maïs*, la *sagittaire*.

Elles sont *dioïques*, lorsque les étamines et les pistils n'existent pas à la fois sur la même plante, mais sur deux individus séparés ; exemple : la *mercuriale*, le *saule*, le *gui*, le *chanvre*.

Elles sont dites polygames, lorsque le même végétal possède des fleurs *hermaphrodites*, et des fleurs *dioïques* ou *monoïques* ; exemple : le frêne, la pariétaire.

Si Linnæus, au lieu de subordonner les pistils aux étamines, avait, dans sa classification, attribué plus de valeur à l'organe femelle qu'à l'organe mâle, il se fût rapproché davantage de la méthode naturelle, dernier terme, que dans ses ouvrages, et dans sa Philosophie botanique surtout, il désigne aux recherches des naturalistes.

L'adhérence et la non-adhérence de l'o-

vaire aux enveloppes florales est la considération nouvelle que le professeur Richard
donne pour base au groupement des végétaux,
subordonnant toutefois cette considération à
l'autorité plus grande des feuilles séminales et
de la corolle.

Le tableau suivant met en relief cette idée :

			Classes.
I. Acotylédons.		acotylédonie	1re
II. Monocotylé-dons.	Ovaire libre,	éleuthérogynie	2^e
	Ovaire adhérent,	symphysogynie	2^e
III. Dicotylédons. Apétalie.	Ovaire adhérent,	symphysogynie	3^e
	Ovaire libre,	éleuthérogynie	5^e
Monopétalie.	Ovaire libre,	éleuthérogynie	6^e
	Ovaire adhérent,	symphysogynie	7^e
Polypétalie.	Ovaire adhérent,	symphysogynie	8^e
	re libre,	éleuthérogynie	9^e

Il est à peine besoin de citer les parties or-
ganiques secondaires, qu'une étroite nomenclature a prétendu naturaliser dans la science.
C'est en vain que Guettard a fondé un système
sur la considération des poils ; Vernischeck,
sur la considération numérique des pièces qui

constituent la corolle ; Sauvage, sur la considé-ration des feuilles. Toutes ces classifications, oubliées à leur naissance, ont eu pour seul avantage la connaissance plus minutieuse des parties qu'elles soumettaient à leur examen.

Tels sont les organes que les plus célèbres nomenclateurs ont définis pour systématiser les végétaux.

Voyons maintenant quelle valeur précise il faut imposer aux groupes qui se partagent le règne végétal : étudions quelle doit être en botanique la portée des groupes systématiques.

Classer un végétal, c'est lui assigner le rang qu'il doit occuper en vertu des caractères qui lui sont propres, et qui le différencient des autres végétaux.

La comparaison des végétaux peut seule faire ressortir leurs caractères distinctifs. Sur elle seule repose l'établissement des groupes désignés sous les noms de *classes*, *familles*, *genres*, *espèces* et *variétés*.

L'espèce est la collection de tous les individus qui, par une fécondation réciproque, engendrent des êtres tellement semblables, qu'on peut leur supposer, par analogie, une seule et même origine. Les caractères qui servent à distinguer les espèces sont tirés principalement des modifications superficielles que présentent les racines, les tiges et les feuilles.

Les différences de grandeur, de coloration que l'on remarque entre les individus d'une même espèce, en constituent les *variétés*.

Le *genre* est la collection des espèces qui se rapprochent les unes des autres par une grande ressemblance, empruntée, soit à l'ensemble de leurs organes, soit, plus convenablement encore, aux organes de la fructification.

La *famille* est la collection des genres liés entre eux par des caractères communs.

Les familles, réunies d'après les caractères généraux qui les dominent, constituent les *classes*.

Ces groupes divers sont donc un échafaudage raisonné de divisions successives, dont les caractères s'enchaînent et se marient les uns aux autres.

Arbitrairement formés, les groupes peuvent faire partie d'un système; les caractères dont la valeur relative est discutée fournissent des éléments aux méthodes.

ARTICLE VIII.

DE LA MÉTHODE NATURELLE.

La méthode naturelle diffère essentiellement des systèmes de Tournefort et de Linnæus. Ses bases ne reposent plus uniquement
sur la considération d'un organe préféré arbitrairement, comme la corolle et l'étamine,
mais sur toutes les parties des végétaux, con-
courant à former les groupes successifs dans
l'ordre de leur plus grande valeur ou de leur
plus grande généralité ; en un mot, d'après la
subordination des caractères.

De cette manière, les plantes d'un même

groupe ont entre elles plus de ressemblance qu'elles n'en présentent avec les plantes d'un autre groupe ; et deux familles voisines ont plus d'affinité entre elles que d'autres familles plus éloignées : de là, l'épithète de *naturelle* donnée à cette méthode, et qui exprime que les rapports de similitude ou de dissemblance, établis par la nature entre les végétaux, sont conservés dans cette nouvelle classification.

La méthode naturelle comprend quinze classes. Le caractère de l'embryon y domine celui de tous les autres organes ; c'est pourquoi tous les végétaux connus y sont répartis en *embryonés* ou végétaux pourvus d'embryon, et en végétaux *inembryonés*, c'est-à-dire privés d'embryon : les embryonés correspondent aux plantes phanérogames de Linnæus, et les inembryonés à ses cryptogames.

Les végétaux embryonés, offrant en outre un ou deux cotylédon, se subdivisent naturellement en plantes *monocotylédonées* et *dicotylédonées*.

La première classe tout entière appartient aux végétaux embryonés ; elle porte le nom d'*acotylédonie* , c'est-à-dire classe signalée par l'absence de cotylédons.

La seconde, la troisième et la quatrième classe renferment tous les végétaux mono-cotylédonés ; elles sont établies d'après l'*insertion des étamines* : par insertion des étamines, on entend le point d'attache de ces organes, considéré par rapport au pistil.

Dans la seconde classe (hypogynie), les étamines, ou le périgone simple qui les porte, sont insérées sous l'ovaire ; on les dit *hypogynes ;* telles sont les étamines du gouet-pied-de-veau, du blé, de l'avoine.

Dans la troisième classe (périgynie), les étamines, ou le périgone simple qui les porte, sont insérées autour de l'ovaire, à une certaine distance de sa base, comme dans le lis, l'asperge, la jacinthe ; ces étamines sont dites *périgynes.*

Dans la quatrième classe (épigynie), les étamines, ou le périgone simple qui les porte, sont insérées sur la partie supérieure de l'ovaire, comme dans les narcisses, les iris ; ces étamines sont *épigynes.*

Les végétaux dicotylédonés comprennent les onze classes qui suivent. Comme ils surpassent en nombre les végétaux acotylédonés et monocotylédonés réunis, on a multiplié les subdivisions, et, sans négliger le caractère tiré de l'insertion des étamines, on ne l'a plus employé que comme accessoire. En conséquence, les dix classes qui suivent la quatrième ont été partagées, d'abord en deux divisions, suivant que les fleurs mâles et femelles sont renfermées dans une même enveloppe, ou bien séparées dans des enveloppes différentes ; puis, on les a distribuées en trois sections, d'après la considération spéciale de la corolle. C'est ainsi que les plantes de la cinquième, de la sixième et de la septième classe, appartenant à la première section, comprennent les plantes dicotylédonées dépourvues de corolle ; on les distingue d'après l'insertion des étamines.

Les étamines des plantes de la cinquième classe (épistaminie) sont *épigynes* ; telles sont celles de l'aristoloche.

Les étamines des plantes de la sixième classe (péristaminie) sont *périgynes* ; telles sont celles du laurier-rose, du sarrasin.

Les étamines des plantes de la septième classe (hypostaminie) sont *hypogynes*, comme dans l'amaranthe.

La seconde section se compose des huitième, neuvième, dixième et onzième classes, c'est-à-dire des plantes dicotylédonées, dont la corolle est monopétale et porte les étamines : ces classes se distinguent entre elles par l'insertion de la corolle.

La corolle des plantes de la huitième classe (hypocorollie) est *hypogyne* ; telle est celle du plantain, de la primevère.

La corolle des plantes de la neuvième classe (péricorollie) est *périgyne* ; exemple : les bruyères, les campanules.

La corolle des plantes de la dixième et de la onzième classe est *épigyne* ; leurs anthères, libres ou adhérentes, servent à les caractériser.

Dans la dixième classe (synanthérie), les *anthères* sont *soudées l'une à l'autre* et forment un tube ; telles sont celles du bluet, de la laitue, de la chicorée.

Dans la onzième classe (corisanthérie), les *anthères* sont *libres* ; telles sont celles des scabieuses, du chardon à foulon, de la valériane, du chèvrefeuille.

La troisième section comprend les végétaux dicotylédonés à corolle polypétale ; ils forment trois classes distinctes entre elles par l'insertion des étamines.

Dans la douzième classe (épipétalie), les étamines sont *épigynes ;* telles sont celles de la carotte, du panais.

Dans la treizième classe (hypopétalie), les étamines sont *hipogynes*, comme dans l'épine-vinette, les mauves, le pavot, la moutarde des champs.

Dans la quatorzième classe (péripétalie), les étamines sont *périgynes*, telles sont celles des perce-pierres, des groseilliers, des roses, des haricots.

Enfin, la quinzième et dernière classe (di-clinie) renferme tous les végétaux dicotylédonés dont les fleurs sont unisexuées et séparées sur des pieds distincts ; telles sont les fleurs du chêne, du saule, du pin.

ARTICLE IX.

TABLEAU SYNOPTIQUE DE LA CLASSIFICATION DES PLANTES, D'APRÈS LA MÉTHODE NATURELLE.

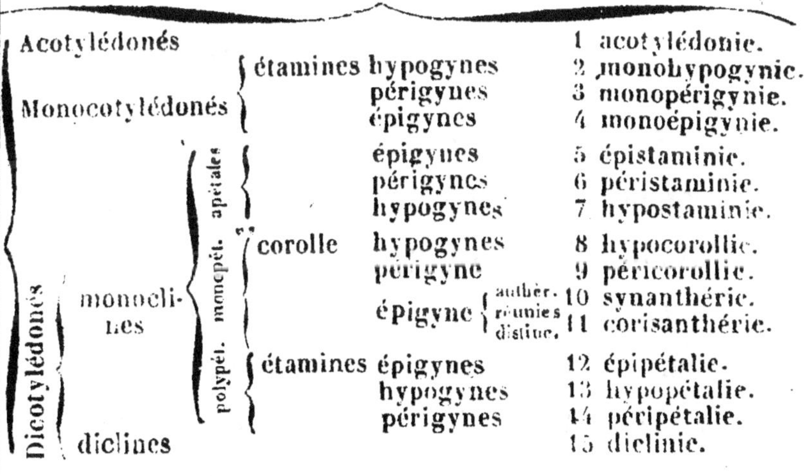

ARTICLE X.

APPLICATION DE LA MÉTHODE NATURELLE AUX PRINCIPALES FAMILLES DU RÈGNE VÉGÉTAL QUI CROISSENT SPONTANÉMENT EN FRANCE.

PREMIÈRE DIVISION.

PLANTES ACOTYLÉDONÉES.

Sous le nom de *plantes acotylédonées* on comprend, en botanique, tous les végétaux qui sont dépourvus de cotylédons, et chez lesquels les organes de la reproduction ne peuvent être comparés à des étamines ou à des pistils. Ces plantes, formées uniquement de tissu cellulaire, établissent la transition naturelle entre les animaux et les végétaux, sous

le double point de vue de leur structure cellu-
leuse et de leur composition chimique. Elles
se propagent à l'aide de corpuscules regardés,
par les uns, comme les analogues des graines ;
par les autres, comme représentant des bourgeons : leur étude laisse encore beaucoup à
désirer.

PREMIÈRE CLASSE.

ACOTYLÉDONIE.

Famille des algues.

Les algues sont des plantes de consistance
herbacée ou gélatineuse. Elles se présentent
tantôt sous la forme de filaments capillaires,
articulés ou continus ; tantôt sous la forme de
lames membraneuses, entières ou lobées,
dont la substance est homogène dans toutes
ses parties, ou traversée par des nervures
allongées. Leurs organes de fructification sont

renfermés, soit dans l'intérieur de la plante, soit dans des conceptacles extérieurs qui offrent l'aspect de renflements. Les algues habitent généralement les eaux.

Cette famille comprend, entre autres genres, les *varecs* (fucus, Lin.) dont on extrait la soude en lavant leurs cendres. Une espèce de varec, le *Varec vermifuge* (Fucus helminthrocortos, D. C.), connu généralement sous le nom de *mousse de Corse*, est usité, en poudre ou en décoction, contre les vers intestinaux de l'homme. On ne le trouve jamais pur dans le commerce.

Toutes les algues qui croissent dans la mer renferment une grande quantité de principes salins ; aussi peuvent-elles être employées avec succès pour fumer les terres : cet engrais est très-recherché sur certaines côtes maritimes de la France.

Famille des champignons.

Les champignons sont des plantes de con-

sistance charnue, subéreuse ou mucilagineuse :
leur forme est extrêmement variable. Certains genres, en effet, sont réduits à de simples tubercules ; d'autres offrent l'aspect de filaments ; quelques-uns ressemblent à des branches de corail ou à des parasols. Dans ce dernier cas, la partie supérieure du champignon se
nomme *chapeau*, et le pied qui la supporte
prend le nom de *stipe* ou *pédicule*. Quelquefois le champignon tout entier est caché avant
son développement dans une bourse qui se rompt
irrégulièrement ; cette bourse a reçu le nom
de *volva*. On appelle *collier* l'anneau déchi-
queté qui persiste autour du stipe après la
rupture du volva. Des capsules, ovoïdes ou
arrondies, renferment, sous forme de poussière, les organes reproducteurs des champignons ; ces capsules sont situées, soit dans l'intérieur de la plante, soit à sa surface.

Les champignons croissent, en général, dans
les endroits humides et ombragés ; quelques-
uns vivent dans l'eau ; d'autres végètent

sous terre ; un grand nombre sont parasites.

La famille des champignons comprend plusieurs espèces alimentaires ; tels sont entre autres :

L'agaric comestible (agaricus campestris, Lin.) ;

L'agaric mousseron (agaricus mousseron, Bull.) ;

L'aménite orange (amanita aurantiaca, Pers.) ;

La morille ordinaire (morchella esculenta, Pers.) ;

La truffe (tuber cibarium, Bull.).

Mais la plupart des champignons sont très-vénéneux. En général il faut rejeter comme suspects ceux dont l'odeur est désagréable et ceux qui croissent dans les lieux ombragés et trop humides, ou qui changent de couleur quand on les entame.

Le premier soin à remplir dans les accidents occasionnés par les champignons vénéneux est de faire prendre un vomitif au malade et d'appeler le médecin.

C'est avec une espèce de champignon, le *bolet amadouvier* (boletus igniarius, Sowerb.), que l'on prépare l'amadou. Le procédé consiste à couper ce champignon par tranches, à le tremper dans une solution particulière désignée sous le nom de *nitrate de potasse*, et à le faire sécher, après l'avoir battu jusqu'à le rendre souple.

C'est encore à la famille des champignons qu'il faut rapporter les moisissures et les productions parasites qui attaquent particulièrement les céréales, et que les cultivateurs désignent sous les noms de *rouille, carie, charbon.*

Famille des lichens.

Les lichens sont des plantes de consistance sèche et coriace, rarement gélatineuse, qui se présentent le plus souvent sous l'apparence de croûtes membraneuses. Leurs organes reproducteurs sont renfermés dans des réceptacles dont la forme, en général, est celle d'écussons.

Les lichens végètent sur la terre, sur les murs, sur les rochers ou sur l'écorce des arbres. Lorsqu'on déchire leur tissu, la substance interne, de blanche qu'elle était, devient verte; presque tous, sous l'influence solaire, dégagent de l'oxygène quand on les plonge dans l'eau.

Les plantes les plus utiles de cette famille sont le lichen d'Islande et le lichen roccèle.

Le lichen d'Islande (phiscia Islandica, D. C.), réduit en gelée par la décoction et dépouillé de son amertume au moyen de lavages réitérés dans une dissolution peu concentrée de carbonate de soude ou de potasse, fournit une pâte très-nourrissante.

Le *lichen roccelle* (roccella tinctoria, D. C.), pulvérisé et soumis à une macération de plusieurs jours dans un mélange d'urine et de chaux, donne une couleur violette qu'on emploie dans les arts, particulièrement pour teindre la soie. Ces deux espèces croissent en France.

Famille des fougères.

Les fougères sont des plantes herbacées ou sous-frutescentes, à tiges dressées ou rampantes, souvent cachées sous terre. Leurs feuilles, désignées sous le nom spécial de *frondes*, toujours roulées en crosse avant leur entier développement, sont simples ou composées. Les organes de la fructification sont placés généralement à la face inférieure des frondes; dans quelques genres, ils constituent des épis terminaux. De petits corps, nommés *sporules*, jouent le rôle de graines; ces organes peuvent êtres nus ou renfermés dans des capsules squamuiformes qu'on appelle *sores*. Les sporules sont quelquefois enveloppées d'un bourrelet élastique ; elles s'ouvrent par une fente ou se déchirent irrégulièrement. Les sores se développent d'abord sous l'épiderme qu'ils soulèvent ; on donne le nom d'*indusie* à cette portion épidermique qui les recouvre à la manière d'une calotte.

Plusieurs espèces de fougères sont employées en médecine ; telles sont entre autres :

La *fougère mâle* (polypodium filix mas, Lin.), dont la racine fournit un extrait résineux employé avec succès contre le ver solitaire ;

La *capillaire de Montpellier* (adianthum capillus veneris, Lin.), dont les feuilles s'emploient en infusion dans les affections catarrhales peu intenses. Son parfum aromatique est moins prononcé que celui de la *capillaire de Virginie ;* mais cette dernière est exotique.

━━◦━━

DEUXIÈME DIVISION.

PLANTES MONOCOTYLÉDONÉES.

Les plantes de la seconde division, outre la

structure de leur embyron monocotylédoné, sont encore caractérisées par l'organisation particulière de leur tige, dont il a été précédemment parlé. Leurs feuilles sont marquées de nervures parallèles ; leur périgone est toujours simple ; leurs organes floraux sont, en général, au nombre de trois ou bien un multiple de trois.

DEUXIÈME CLASSE.

MONCHYPOGYNIE.

Famille des aroïdées.

Les aroïdées se reconnaissent principalement à leurs fleurs groupées en grand nombre sur un pédoncule radical, quelquefois nu, le plus souvent entouré d'une spathe colorée. Ces fleurs sont très-rarement munies de périgone ; elles n'offrent ordinairement que des étamines et des pistils tantôt entremêlés, tantôt séparés les uns des autres. L'ovaire est surmonté par un stigmate glanduleux et sessile ; le fruit consiste en une baie à une ou à plusieurs loges, renfermant une ou plusieurs graines.

Les aroïdées de nos climats ont leur tige réduite à un simple tubercule charnu, qu'on prend le plus souvent pour une racine ; c'est de ce tubercule que partent les feuilles qui, de cette manière, paraissent radicales.

Certaines aroïdées dégagent, au moment de l'émission du pollen, une quantité de chaleur appréciable à la main.

Famille des graminées.

Les graminées sont des plantes dont le chaume cylindrique, ordinairement creux, est toujours entrecoupé de nœuds solides ; chaque nœud émet une feuille, dont la base offre l'aspect d'une gaîne fendue longitudinalement. Les fleurs sont disposées en épi ou en panicule ; elles sont généralement hermaphrodites, quelquefois unisexuées ; toujours elles

sont protégées par des écailles. L'écaille extérieure, nommée *glume,* est ordinairement
partagée en deux valves opposées, et renferme une ou plusieurs fleurs dont l'assemblage se nomme *épillet ;* l'écaille intérieure ou
l'enveloppe immédiate des organes sexuels se
nomme *balle ;* elle est souvent bivalve. Les
étamines sont généralement au nombre de
trois ; leurs anthères, oblongues, sont four-
chues aux deux extrémités. L'ovaire est unique
et se termine par un style simple, presque toujours partagé en deux stigmates plumuleux ; le
fruit est une cariopse, rarement un akène.

Les genres principaux de cette famille
dont la connaissance importe le plus au cultivateur, sont :

Les *Triticum* (froment) : épillets solitaires sur
chaque dent de l'axe et opposés à cet axe ; glume
à deux valves renfermant plusieurs fleurs,
dont la balle est bivalve. A ce genre appartient
l'espèce connue sous le nom de froment cultivé
dont on connaît un grand nombre de variétés :

Hordeum (orge) : épillets ternés sur chaque dent de l'axe ; glumes bivalves renfermant une seule balle à deux valves. Espèces culti-vées : l'orge commun, l'orge à six rangs, l'orge à deux rangs et l'orge pyramidale ;

Secale (seigle) : épillets solitaires sur chaque dent de l'axe, ne renfermant que deux fleurs, lesquelles sont munies d'une arête au sommet de la valve externe de leur balle. Principale espèce : le seigle cultivé ;

Avena (avoine) : glume bivalve ; balle à deux valves pointues dont l'extérieure porte sur son dos une arête genouillée. Principale espèce : l'avoine cultivée ; on en distingue deux variétés, l'avoine d'hiver et l'avoine de printemps ;

Zea (maïs) : plante monoïque ; fleurs mâles disposées en panicule terminale ; glume bi-valve, renfermant deux fleurs ; fleurs femelles disposées en épis axillaires, contenues dans deux gaînes foliacées ; glumes uniflores, style filiforme, graines lisses et arrondies.

Principale espèce : le blé de Turquie.

C'est encore à la famille des graminées qu'il faut rapporter la canne à sucre et certaines plantes à fourrage, comme le pâturin, l'ivraie, la flouve et la fétuque.

Les graminées sont sujettes à plusieurs maladies dont les principales sont la rouille, la carie, le charbon et l'ergot ; cette dernière attaque particulièrement le seigle : les uns pensent qu'elle est occasionnée par le développement d'un champignon parasite, les autres croient qu'elle est déterminée par une maladie essentielle du grain. Son action sur l'économie animale est extrêmement délétère : elle cause des vertiges, des étourdissements, la gangrène des extrémités et même la mort, lorsque l'ergot se trouve mélangé en quantité notable dans la farine qui sert d'aliment.

TROISIÈME CLASSE.

MONOPÉRIGYNIE.

—

Famille des asperges.

Les asparagées sont des plantes vivaces, à tige herbacée ou ligneuse, souvent grimpante ; les feuilles sont alternes, opposées ou verticillées, rarement engaînantes, souvent placées à l'aisselle d'une petite stipule. Les fleurs sont hermaphrodites, quelquefois unisexuées ; le calice offre généralement six divisions plus ou moins profondes (quelquefois quatre ou huit), tantôt colorées, tantôt herbacées ; le nombre des étamines égale toujours celui des divisions du périgone ; elles sont attachées à la base ou vers le milieu de ces divisions. L'ovaire porte un style, tantôt simple et surmonté d'un stigmate trilobé, tantôt triparti et terminé par trois stigmates. Le fruit est une baie sphérique à trois loges ; chaque loge renferme une ou plusieurs graines.

Les principales plantes de cette famille sont : *l'asperge officinale* (asparagus officinalis, Lin.), le *muguet* (convallaria maïalis, Lin.), la *salsepareille* (smilax salsaparilla, Lin.), que l'on emploie en médecine comme sudorifique ; le *fragon* ou *petit houx* (ruscus aculeatus, Lin.). Sa racine est usitée comme apéritive et diurétique.

Famille des liliacées.

Les liliacées sont des plantes herbacées ou sous-frutescentes, à racines bulbifères ou fibreuses, à feuilles alternes, quelquefois opposées. Le calice est coloré, il se compose de six sépales quelquefois soudées par leur base et formant alors un calice monosépale. L'ovaire est libre, à trois loges, renfermant ordinairement plusieurs graines attachées sur deux rangs à l'angle interne de chaque loge : il est terminé par un stigmate généralement trilobé : le style manque quelquefois. Le fruit

est une capsule triloculaire à trois valves polyspermes.

Les liliacées ont pour type le lis. C'est à
cette famille qu'il faut rapporter les plantes
dont les bulbes sont principalement employées
dans l'économie domestique ; telles sont celles
de l'*ail*, de l'*oignon*, du *poireau*, de l'*écha-
lotte*. C'est encore aux liliacées qu'appartient
l'*aloës*, que la médecine emploie comme tonique et purgatif.

—

QUATRIÈME CLASSE.

MONOÉPIGYNIE.

—

Famille des iridées.

La famille des iridées se compose de végétaux ordinairement herbacés, à racine bulbi-
fère et charnue, rarement fibreuse. Les
feuilles sont alternes, ensiformes ; les fleurs
sont enveloppées, avant leur épanouissement,

dans une spathe membraneuse généralement à deux valves. Le calice est coloré, tubuleux, à six divisions profondes, disposées sur deux rangs et souvent inégales ; les étamines sont toujours au nombre de trois ; l'ovaire adhérent, à trois loges polyspermes, est surmonté d'un style simple que terminent trois stigmates découpés ordinairement en lames minces et pétaloïdes. Le fruit, souvent couronné par les débris du périgone, est une capsule trivalve à trois loges ; les graines sont disposées sur deux rangées longitudinales.

La famille des iridées comprend, entre autres plantes :

L'*iris de Florence* (iris Florentiana, Lin.), dont la racine sert à fabriquer les pois à cautère ;

Le *safran cultivé* (crocus sativus, Lin.), que l'on emploie en France comme teinture et comme assaisonnement : les stigmates seuls sont usités.

Famille des orchidées.

Les orchidées sont des plantes vivaces, dont la racine, composée de fibres simples et cylindriques, est souvent accompagnée de tubercules charnus, simples ou lobés. Les feuilles sont simples, alternes, engaînantes; les fleurs, d'une forme toute particuliére, sont disposées en épi ou en grappes terminales ; elles naissent chacune à l'aisselle d'une bractée, et sont généralement groupées en spirale autour de l'axe. Le calice, adhérent avec l'ovaire, est partagé en six laniéres pétaloïdes. Les trois laniéres supérieures forment une sorte de casque ; des trois divisions inférieures, deux sont latérales et semblables entre elles ; la troisième, située immédiatement au-dessus, offre une figure particulière ; on lui donne le nom de *labellum* ou *tablier*. Elle présente quelquefois à sa base un prolongement creux, appelé *éperon*. Du centre du périgone s'élève une colonne qu'on regarde généralement comme le style, et qui porte les organes sexuels ; sa face antérieure et supérieure est surmontée d'une fossette glanduleuse qui constitue le stigmate. Le pollen, réuni en masse et formé de globules pédicellés ou sessiles, est renfermé dans une anthère à deux loges qui domine le stigmate, et s'ouvre sur cet organe au moment de la fécondation. Le fruit est une capsule à une seule loge à trois valves, contenant un grand nombre de graines très-petites, souvent munies d'un appendice membraneux ; elles sont attachées à trois placenta longitudinaux.

C'est à la famille des orchidées que l'on doit le *salep* et la *vanille*.

Le salep est une substance farineuse, très-nourrissante, que l'on retire de certaines espèces d'orchidées. La vanille n'est autre que l'ovaire d'une orchidée parasite ; on s'en sert comme aromate, notamment pour parfumer le chocolat.

Les orchidées dont la racine est pourvue de tubercules en perdent un chaque année, et en repoussent un nouveau du côté opposé ; de sorte qu'après un certain laps de temps, la plante a réellement changé de place : toutefois, cette locomotion ne saurait être assimilée à la motilité.

— — —o— — —

TROISIÈME DIVISION.

PLANTES DICOTYLÉDONÉES.

Les plantes dicotylédonées forment la troisième division du règne végétal. Elles sont caractérisées principalement par la structure de leur embryon composé de deux cotylédons opposés, ordinairement simples, quelquefois lobés, et par leur mode d'accroissement dont il a été parlé. Leurs feuilles offrent des nervures ramifiées et non parallèles, comme dans les végétaux monocotylédonés ; leurs fleurs sont munies le plus souvent d'un périgone double ; leurs organes floraux sont généralement

au nombre de cinq ou bien un multiple de
cinq.

—

CINQUIÈME CLASSE.

ÉPISTAMINIE.

—

Famille des aristolochées.

Les aristolochées sont des plantes herbacées
ou ligneuses, quelquefois parasites, à feuilles
simples et alternes. Le périgone simple, adhérent avec l'ovaire, est entier ou divisé ; les
étamines, presque toujours sessiles, sont insérées sur le pistil ; elles sont tantôt libres et
distinctes, tantôt soudées intimement avec le
style et le stigmate, formant ainsi une sorte
de mamelon sur l'ovaire. Celui-ci est surmonté
d'un style court et d'un stigmate divisé ; le
fruit est une capsule ou une baie à trois ou six
loges, contenant chacune un grand nombre de
graines.

La famille des aristolochées ne comprend que deux genres : l'asaret et l'aristoloche ; nous en avons plusieurs espèces dont les principales sont :

L'asaret d'Europe ou *cabaret* (asarum Europæum, Lin.) : ses feuilles, et surtout sa racine, peuvent être employées comme émétiques ;

L'aristoloche clématite (aristolochia clematitis, Lin.) : sa racine fournit un stimulant énergique que l'on ne doit administrer qu'avec précaution.

SIXIÈME CLASSE.

PÉRISTAMINIE.

Famille des thymélées.

Les thymélées sont des arbustes, rarement des plantes herbacées, dont les feuilles simples et entières, souvent persistantes, sont tantôt alternes, tantôt opposées. Les fleurs naissent solitaires, ou agrégées ou disposées en épi. Le périgone est simple, libre, souvent coloré, d'une seule pièce, plus ou moins tubuleux, à quatre ou cinq divisions peu profondes ; il donne attache ordinairement à huit étamines. Le style est terminé par un stigmate unique ; l'ovaire est uniloculaire, monosperme.

Les graines de plusieurs thymélées sont des purgatifs violents ; elles peuvent être émétiques dans certains cas ; l'écorce de la plupart agit comme vésicant sur la peau.

Les espèces les plus communes en France sont :

Le *daphné lauréole* (daphne laureola, Lin.) ;
Le *bois gentil* (daphne mezereum, Lin.) ;
Le *garou* (daphne gnidium, Lin.).

Famille des laurinées.

Les laurinées sont des arbres ou des arbrisseaux à feuilles coriaces, luisantes et persistantes, ordinairement alternes. Le périgone est simple, généralement à six divisions plus ou moins profondes; le nombre des étamines varie entre huit et douze; elles s'ouvrent de la base au sommet. L'ovaire est libre, uniloculaire, monosperme; le style est terminé par un stigmate simple. Le fruit est charnu; sa base est enveloppée par le calice qui forme une sorte de cupule.

La famille des laurinées fournit un grand nombre de substances aromatiques très-recherchées. Ainsi, la *cannelle* n'est autre que l'écorce dépouillée d'épiderme du *laurier cannelier* (laurus cinnamomum, Lin.); le *camphre* s'extrait du *laurier camphrier* (laurus camphora, Lin.); le *sassafras* (laurus sassafras, Lin.) est employé comme sudorifique dans les affections rhumatismales et les inflammations chroniques de la peau : ces trois espèces sont exotiques; nous n'en avons qu'une seule que l'on trouve naturalisée dans l'ouest et le midi de la France, c'est le *laurier d'Apollon* (laurus Apollo, Lin,). Son usage est très-répandu dans l'économie domestique.

Famille des polygonées.

Les polygonées sont des plantes herbacées, rarement sous-frutescentes, à feuilles alternes, engaînantes à la base, ou adhérentes à une gaîne membraneuse et stipulaire ; les bords des feuilles, pendant leur premier développement, sont roulés inférieurement sur la nervure médiane. Les fleurs sont presque toujours hermaphrodites. Le périgone est simple ; il offre quatre ou six divisions. Le nombre des étamines varie de quatre à neuf. L'ovaire est lisse, uniloculaire, monosperme ; le fruit, souvent triangulaire, est sec et indéhiscent ; il est quelquefois recouvert par le calice persistant : l'embryon est renversé.

C'est à la famille des polygonées qu'il faut rapporter le genre-type *polygonum* caractérisé par son calice quinquéparti, persistant autour de la graine ; par ses étamines variant de cinq à neuf, et ses styles au nombre de deux ou trois; par un même nombre de stigmates. Principale espèce : le sarrazin (polygonum fagopyrum).

SEPTIÈME CLASSE.

HYPOSTAMINIE.

Famille des amaranthacées.

Les amaranthacées sont des plantes herbacées ou sous-frutescentes, à feuilles alternes ou opposées, quelquefois munies de stipules scarieuses. Les fleurs sont petites, souvent hermaphrodites, quelquefois unisexuées. Le périgone est simple, souvent persistant, à quatre ou cinq divisions très-profondes; le nombre des étamines varie de trois à cinq; elles sont tantôt libres, tantôt réunies en cylindre à leur base. L'ovaire est libre, uniloculaire, monosperme; le style est simple ou nul; les stigmates varient de deux à trois.

L'embryon est courbé en forme d'anneau.

Cette famille renferme les plantes désignées vulgairement sous le nom de *queue-de-renard*; nous en avons deux espèces assez communes, ce sont :

L'*amaranthe blette* (amaranthus blitum, Lin.),

Et l'*amaranthe en épi* (amaranthus spicatus, Lin.).

—

HUITIÈME CLASSE.

HYPOCOROLLIE.

—

Famille des scrophulariées.

Les scrophulariées sont des plantes herbacées, rarément sous-frutescentes, dont les feuilles sont alternes ou opposées. Le calice est monosépale, persistant, à quatre ou cinq divisions; la corolle monopétale est souvent bilabiée. Les étamines sont au nombre de deux ou de quatre ; dans ce dernier cas, elles sont toujours didynames. L'ovaire est simple, à deux loges ; il se termine par un style unique que surmonte un stigmate bilobé. Le fruit est une capsule biloculaire dont le mode de déhiscence est très-variable. Tantôt elle s'ouvre par des trous placés vers le sommet ; tantôt par des valves qui emportent une partie de la cloison sur le milieu de leur face interne. Chaque loge renferme un grand nombre de graines ; l'embryon est renfermé dans un endosperme charnu.

Les plantes réunies dans la famille des scrophulariées offrent des propriétés très-diverses.

Ainsi, les unes, comme le *bouillon blanc* (verbascum thaspus, Lin.), sont émollientes et pectorales ; les autres, comme le *beccabunga*, la *véronique officinale* (veronica beccabunga, v. officinalis, Lin.), sont amères et légèrement excitantes ; quelques-unes, prises à certaines doses, sont des poisons très-énergiques. Les plus remarquables à cet égard, sont :

La *digitale pourprée* (digitalis purpurea, Lin.), dont les feuilles sont usitées avec succès dans les hydropisies;

La *gratiole officinale* (gratiola officinalis, Lin.), que la médecine populaire emploie seule aujourd'hui, et dont il faut user avec une grande circonspection : les tiges et les feuilles de cette espèce sont de violents purgatifs.

Famille des solanées.

Les solanées sont des plantes herbacées ou ligneuses, d'un aspect sombre et d'une odeur désagréable. Les feuilles sont alternes, simples ou découpées; les fleurs sont en épi ou en grappes; dans certains genres, elles naissent hors des aisselles des feuilles. Le calice, monosépale et persistant, est partagé en cinq divisions peu profondes; la corolle, monopétale, offre cinq lobes plus ou moins profonds et plissés sur eux-mêmes. Les étamines, en même nombre que celui des lobes de la corolle, ont leurs filets généralement libres; les anthères sont souvent accolées entre elles. L'ovaire est libre, simple; le style est unique, et se termine par un stigmate bilobé. Le fruit est tantôt une capsule à deux ou quatre loges polyspermes, tantôt une baie à deux ou trois loges : les graines ont un embryon plus ou moins recourbé.

Principal genre :

Solanum ; calice 5-fide ; corolle en roue, à tube court, à limbe plus grand, 5-fide, ouvert ; anthères oblongues, conniventes, s'ouvrant au sommet par des pores ; stigmate obtus ; baie arrondie ou plus rarement oblongue.

La famille des solanées, dont la pomme de terre forme le type, réunit un grand nombre de plantes vénéneuses ; telles sont entre autres :

La *jusquiame* (hyosciamus niger, Lin.);

La *belladone* (atropa belladona, Lin.);

La *mandragore* (atropa mandragora, Lin.);

La *pomme épineuse* (datura stramonium, Lin.).

Cette famille compte aussi plusieurs végétaux utiles.

La *pomme de terre* (solanum tuberosum, Lin.), nommée d'abord solanée Parmentière, pour consacrer la mémoire de Parmentier qui en a popularisé la culture en France, a de nombreuses applications dans l'économie domestique.

On peut citer encore l'*aubergine* (solanum melongena, Lin.);

La *tomate* ou *pomme d'amour* (solanum lycopersicum, Lin.);

Le *piment* ou *poivre long* (capsicum annuum, Lin.),

Et le *tabac* (nicotiana tabacum, Lin.), originaire du Mexique et cultivé dans plusieurs départements de la France.

Famille des jasminées.

Cette famille se compose d'arbres et d'arbrisseaux, à feuilles opposées, rarement alternes, simples ou composées. Les fleurs sont généralement hermaphrodites. Le calice est monosépale, à quatre ou cinq divisions ; la corolle est monopétale, souvent tubuleuse, à quatre ou cinq lobes plus ou moins profonds ; elle manque dans certains genres. Les étamines sont au nombre de deux seulement. L'ovaire est à deux loges, contenant chacune deux ovules. Le style est simple, il se termine par un stigmate bifide ou bilobé. Le fruit est tantôt une capsule à une ou deux loges indéhiscentes ou s'ouvrant en deux valves, tantôt il est charnu et renferme un noyau osseux.

Les plantes les plus utiles de la famille des jasminées sont :

L'*olivier* (olea europæa, Lin.) ;

Le *frêne à fleurs* (fraxinus ornus, Lin.), dont on retire un suc légèrement purgatif, connu sous le nom de *manne* ;

Le *lilas* (syringa vulgaris, Lin.). Son fruit, encore vert, a été employé avec succès dans ces derniers temps comme fébrifuge.

Famille des labiées.

Les labiées sont des plantes herbacées ou sous-frutescentes, à tige carrée, à feuilles simples et opposées, dont les fleurs sont groupées aux aisselles des feuilles. Le calice est monosépale, tubuleux, à cinq dents inégales ; la corolle est monopétale, tubuleuse et partagée en deux lèvres, l'une supérieure, l'autre inférieure. Les étamines sont au nombre de quatre et didynames ; quelquefois les deux plus courtes avortent. L'ovaire, libre, profondément quadrilobé, est quadriloculaire ; chaque loge contient une seule graine ; du centre de l'ovaire naît un style simple que surmonte un stigmate bifide : le fruit est renfermé dans l'intérieur du calice qui est persistant.

Toutes les plantes de la famille des labiées sont remarquables par leur odeur forte et pénétrante qui leur a fait donner le nom de *plantes aromatiques par excellence* ; elles sont

stimulantes ou amères et toniques. Les espèces les plus utiles sont :

Le *romarin* (rosmarinus officinalis, Lin.) ;

La *sauge officinale* (salvia officinalis, Lin.);

La *germandrée-petit-chêne* (teucrium cha-
mædris, Lin.) ;

L'*ivette* (teucrium chamæpitis, Lin.);

Les *menthes* (mentha, Lin.) ;

L'*hyssope officinal* (hyssopus officinalis,
Lin.) ;

La *sarriette des jardins* (satureia hortensis,
Lin.) ;

La *lavande officinale* (lavandula vera, D.C.);

Le *thym ordinaire* (thymus vulgaris, Lin.) :

La *mélisse officinale* (melissa officinalis,
Lin.) ;

Le *marrube commun* (marrubium vulgare,
Lin.) ;

La *ballotte noire* (ballota nigra, Lin.);

Le *lierre terrestre* (glecoma hæderacea,
Lin.).

—

NEUVIÈME CLASSE.

PÉRICOROLLIE.

—

Famille des éricinées.

Les éricinées sont des arbres ou des arbustes dont les feuilles sont alternes, opposées ou verticillées ; les fleurs sont ordinairement disposées en épis ou en grappes. Le calice est monosépale, persistant, à quatre ou cinq lobes ; la corolle est monopétale et partagéé en cinq divisions plus ou moins profondes. Les étamines sont généralement au nombre de huit ; leurs anthères s'ouvrent le plus souvent par un petit trou placé vers le sommet. L'ovaire est libre, généralement à cinq loges polyspermes ; le style et le stigmate sont simples. Le fruit est tantôt une capsule à cinq loges et à cinq valves ; tantôt une baie globuleuse, couronnée par les dents du calice, à quatre ou cinq loges polyspermes.

C'est à la famille des éricinées qu'il faut

rapporter les bruyères, les rhododendrum et les airelles; ces dernières sont très-recherchées à cause de leur saveur aigrelette : dans certains pays, elles servent à préparer une boisson rafraîchissante.

Famille des campanulacées.

La famille des campanulacées se compose de plantes herbacées ou sous-frutescentes, renfermant un suc blanc et amer. Les feuilles sont alternes, rarement opposées; le calice, monosépale, offre quatre, cinq ou huit divisions; celles-ci déterminent le nombre des lobes de la corolle qui est monopétale. Les étamines, au nombre de cinq, ont leurs anthères libres ou réunies entre elles. L'ovaire est adhérent; il offre de trois à cinq loges, contenant chacune un grand nombre de graines. Le style est simple, et se termine par un stigmate lobé. Le fruit est une capsule couronnée par les lobes du calice; cette capsule présente de trois à cinq loges qui s'ouvrent, tantôt au moyen de trous situés à la partie supérieure, tantôt par des valves qui entraînent avec elles une partie de la cloison.

A cette famille appartient l'espèce commune dans les prairies, et désignée vulgairement sous le nom de raiponce (campanula rapunculus, Lin.). La racine est cultivée comme aliment.

DIXIÈME CLASSE.

ÉPICOROLLIE-SYNANTHÉRIE.

Famille des synanthérées.

La plupart des synanthérées sont des plantes herbacées à feuilles alternes, rarement opposées, souvent découpées. Les fleurs, généralement petites, sont réunies en tête, et forment des *capitules* désignés dans les anciens auteurs sous le nom de *fleurs composées;* elles sont portées sur un plateau charnu, nommé *clinanthe,* et sont enveloppées à l'extérieur par un involucre commun formé d'écailles. Les fleurs qui forment les capitules sont de deux sortes : les unes offrent une corolle monopétale, tubuleuse, pourvue, en général, de cinq lobes réguliers; chaque fleur alors est désignée sous le nom de *fleuron*; les autres ont une corolle irrégulière déjetée latéralement en forme de languette; ces fleurs constituent les *demi-fleurons*. Tantôt les capitules se composent uniquement de fleurons; tels sont ceux des plantes désignées par Tournefort sous le nom de *flosculeuses*; tantôt ils sont formés uniquement de demi-fleurons (*semi-flosculeuses*); tantôt enfin le centre des capitules est occupé par les fleurons, et les demi-fleurons sont placés à la circonférence; telle est la disposition que l'on rencontre dans les fleurs appelées *radiées*.

Chaque fleur, considérée isolément, présente l'organisation suivante : le calice, adhérent avec l'ovaire, a son limbe denté; il est formé d'écailles ou de poils; la corolle est mo-

nopétale, régulière ou irrégulière. Les étamines, au nombre de cinq, ont leurs filets distincts, et sont réunies en forme de tube par
leurs anthères; le style est simple et se termine par un stigmate bifide. Le fruit, de
forme variée, est uniloculaire, monosperme ;
il peut être nu à son sommet ou couronné par
une aigrette formée d'écailles ou de poils. Les
fleurs sont tantôt hermaphrodites, tantôt unisexuées; parfois elles sont neutres.

Les principales plantes de la famille des synanthérées sont :

La *bardane officinale* (arctium lappa, Lin.),
employée comme sudorifique, et plus spéciale-
ment dans les maladies chroniques et les affections rhumatismales ;

La *chausse-trappe* (centaurea calcitrapa,
Lin.); ses feuilles et ses fleurs peuvent être
employées avec succès dans les fièvres inter-
mittentes ;

L'*artichaut* (cynara scolymus, Lin.) ;

La *camomille romaine* (anthemis nobilis,

Lin.); ses feuilles, prises en infusion, sont un excellent tonique;

L'*absinthe officinale* (absinthum officinale, Nob.); plante aromatique que l'on emploie comme tonique et stimulant; on l'administre aussi comme vermifuge;

L'*estragon* (artemisia dracunculus, Lin.).

C'est encore à la famille des synanthérées qu'il faut rapporter la *tanaisie* (tanacetum vulgare, Lin.), la *matricaire officinale* (matricaria camomilla, Lin.), les *soucis* (calendula, Lin.), l'*arnique des montagnes* (arnica montana, Lin.), les *laitues* (lactuca, Lin.), les *chicorées* (cichorium, Lin.), et les *salsifis* (tragopogon, Lin.).

C'est au genre *helianthus*, caractérisé par ses fleurs radiées, à fleurons hermaphrodites, ventrus dans le milieu de leur longueur, à demi-fleurons ovales-oblongs et stériles, et par ses graines surmontées de deux arêtes molles et caduques, par son réceptacle très-large et imbriqué, qu'appartient le *topinam-*

bour, dont les tubercules fournissent un aliment précieux pour les bestiaux.

ONZIÈME CLASSE.

ÉPICOROLLIE-CORISANTHÉRIE.

Famille des rubiacées.

Les rubiacées d'Europe sont des plantes
herbacées, à tige anguleuse, souvent héris-
sées d'aspérités. Les feuilles sont verticillées ;
le calice, adhérent avec l'ovaire dans presque
toute son étendue, a son limbe tantôt entier,
tantôt partagé en quatre ou cinq lobes plus ou
moins profonds ; la corolle est monopétale, régulière, à quatre ou cinq lobes ; les étamines
sont en nombre égal à celui de la corolle ;
elles alternent avec ses divisions. L'ovaire, à
plusieurs loges, est surmonté d'un style que
termine un stigmate simple ou bifide. Le
fruit est toujours couronné par le limbe du
calice.

Les rubiacées étrangères à l'Europe sont des arbres ou arbrisseaux à feuilles opposées, munies de stipules intermédiaires.

Cette famille offre entre autres plantes utiles :

Les *cinchonas*, dont l'écorce constitue le *quinquina* ; les *cephœlis* ou *ipécacuana*, le *caféier* (coffæa), originaire d'Arabie ; la *garance* (rubia tinctorum, Lin.), dont la racine fournit une belle teinture rouge employée dans les arts : cette dernière plante croît naturellement en France ; les cinchonas et les cephœlis sont particuliers à l'Amérique méridionale.

Famille des caprifoliacées.

Les caprifoliacées sont des arbrisseaux à feuilles généralement simples, opposées, rarement alternes ; les fleurs sont axillaires ou terminales ; le calice, monosépale, adhère avec l'ovaire ; la corolle, quelquefois formée de cinq pétales distincts, est ordinairement monopétale et irrégulière; le nombre des étamines varie de quatre à cinq. L'ovaire offre une ou plusieurs loges contenant chacune une ou plusieurs graines; le style est simple et se termine par un seul stigmate; quelquefois le style manque et le stigmate est alors trilobé; le fruit est ordinairement charnu.

La famille des caprifoliaciées comprend entre autres plantes :

Les *chèvrefeuilles* (lonicera, Lin.) ;

L'*yèble* ou *sureau noir* (sambucus nigra) ;

Le *cornouiller sanguin* (cornus sanguinea, Lin.) ;

Les *viornes* (viburnum, Lin.) ;

Le *lierre* (hedera helix, Lin.) ;

—

DOUZIÈME CLASSE.
ÉPIPÉTALIE.

—

Famille des ombellifères.

Les ombellifères sont des plantes herbacées,

à tige ordinairement fistuleuse. Les feuilles
sont alternes, engaînantes à la base, le plus
souvent découpées en lobes très-nombreux si-
mulant des folioles. Les fleurs, très-petites,
blanches ou jaunâtres, le plus souvent hermaphrodites, sont disposées en ombelle tantôt
simple, tantôt composée : les subdivisions de
l'ombelle portent le nom d'ombellule. Quelquefois, à la base de l'ombelle, on trouve de
petites feuilles avortées; la réunion de ces
petites feuilles constitue l'involucre; elles
prennent le nom d'*involucelle* quand elles se
trouvent à la base des ombellules. Chaque
fleur, considérée isolément, présente : 1° un
calice adhérent avec l'ovaire; tantôt le calice
est entier, tantôt il offre cinq dents peu marquées; 2° une corolle formée de cinq pétales;
3° cinq étamines ; 4° un ovaire à deux loges,
contenant chacune une graine. Cet ovaire est
surmonté d'un corps glanduleux d'où s'élèvent
deux styles terminés chacun par un stigmate
simple ; le fruit est composé de deux graines

entourées par le calice persistant et appliquées l'une contre l'autre ; elles se séparent d'elles-mêmes à leur maturité.

La famille des ombellifères comprend, entre autres plantes :

L'*anis* (pimpinella anisum, Lin.), dont les fruits sont employés comme stimulants ;

Le *carvi* (carum carvi, Lin.), plante aromatique que l'on emploie surtout comme carminatif ;

Le *céleri* (apium graveolens, Lin.);

L'*aneth fenouil* (anethum fæniculum, Lin.): sa racine infusée est regardée comme apéritive ; ses fruits sont excitants ;

Le *cerfeuil* (scandix cerefolium, Lin.) ;

Le *panais* (pastinaca sativa, Lin.) ;

L'*assa fœtida*, Lin., plante originaire de la Perse, et regardée comme un stimulant très-énergique ;

L'*angélique officinale* (angelica archangelica, Lin.). Sa racine est diurétique et sudorifique ; sa tige, blanchie et confite dans le sucre, forme une conserve très-recherchée.

C'est encore aux ombellifères qu'il faut rapporter l'*œnanthe safranée* (œnanthe crocata, Lin.), la *grande ciguë* (conium maculatum, Lin.), la *petite ciguë* (æthusa cynapium, Lin.), et la *ciguë vireuse* (cicutaria aquatica, Lin.) : ces plantes exhalent une odeur vireuse et sont des poisons très-énergiques.

A la famille des ombellifères appartient le genre *daucus* (carotte), caractérisé par son calice entier, ses pétales courbés en cœur plus grands sur les bords ; le fruit est ovoïde et hérissé de poils roides : principale espèce : la *carotte cultivée*.

TREIZIÈME CLASSE.

HYPOPÉTALIE.

Famille des renonculacées.

Les renonculacées sont des plantes herba-

cées ou sous-frutescentes, à feuilles généralement alternes et partagées ordinairement en
plusieurs segments. Les fleurs varient dans leur
disposition ; quelquefois elles sont accompagnées d'un involucre. Le calice est polysépale,
presque toujours coloré et pétaloïde, rarement
persistant. La corolle manque dans certains
genres ; lorsqu'elle existe, elle se compose de
pétales en nombre variable, réguliers ou irré-
guliers. Les étamines et les pistils sont ordinairement très-nombreux. L'ovaire, uniloculaire, est monosperme ou polysperme. Le style
très-court, ordinairement latéral, est surmonté
d'un stigmate simple. Les fruits sont ou de petits akènes comprimés, disposés en capitule,
ou bien des capsules agrégées, distinctes ou
soudées, uniloculaires, polyspermes ; elles
s'ouvrent par leur bord ou par leur face interne : quelquefois le fruit est une baie.

Toutes les plantes de la famille des renonculacées sont plus ou moins âcres lorsqu'elles
sont fraîches ; elles perdent en peu de temps

cette propriété par l'ébullition où la dessiccation. Les feuilles de certaines espèces, appliquées sur la peau, la rubéfient ; lorsque le contact est prolongé, les parties rubéfiées s'enflamment quelquefois jusqu'à l'ulcération. Les principales espèces de cette famille sont :

La *renoncule bulbeuse* (ranunculus bulbosus, Lin.) ;

La *renoncule âcre* (ranunculus acris, Lin.) ;

La *petite douve* (ranunculus flammula, Lin.) : ces trois espèces peuvent être employées comme vésicants.

A cette famille appartient encore l'*ellébore noir* (helleborus niger, Lin.) ;

La *dauphinelle staphisaigre* (delphinium staphisagria, Lin.) ;

Les *clématites* (clematis, Lin.) ;

Et l'*aconit napel* (aconitum napellus, Lin.) : toutes ces plantes sont des poisons énergiques.

Famille des malvacées.

Les malvacées sont des plantes herbacées

ou ligneuses, à feuilles alternes, simples ou composées, accompagnées de stipules à leur base. Les fleurs sont axillaires ou terminales. Le calice est monosépale, à cinq divisions; il est protégé ordinairement par un involucre extérieur nommé calicule. La corolle est formée de cinq sépales généralement soudés par leur base au moyen des filets staminaux, en sorte que la corolle tombe fréquemment d'une seule pièce, emportant avec elle les étamines. Celles-ci, ordinairement nombreuses, sont réunies en tubes par leurs filets. L'ovaire est le plus souvent simple; il est formé d'un grand nombre de côtes saillantes qui correspondent chacune à une loge. Le style est quelquefois simple; d'autres fois il est partagé en un grand nombre de divisions portant chacune un stigmate. Le fruit est généralement composé d'un grand nombre de petites capsules indéhiscentes, uniloculaires, monospermes, disposées en cercle et très-serrées les unes contre les autres; d'autres fois c'est une capsule à cinq loges polyspermes, ou bien un fruit coriace, charnu dans son intérieur et indéhiscent. Les cotylédons sont repliés sur eux-mêmes.

Toutes les malvacées renferment un suc mucilagineux très-abondant, aussi peuvent-elles être employées indifféremment comme adoucissantes et émollientes.

Les principales espèces de cette famille sont :

La *guimauve officinale* (althæa officinalis, Lin.) ;

La *rose trémière* (althæa rosea, Lavan.) ;

La *mauve sauvage* (malva sylvestris, Lin.) ;

Le *cacaoïer ordinaire* (theobroma cacao, Lin.), dont les graines torréfiées et réduites en pâte forment la base du chocolat ;

L'*ambrette* (hibiscus abelmoschus, Lin.), ainsi nommée à cause de son odeur musquée ;

Le *cotonnier* (gossipium, Lin.), dont le fruit renferme une sorte de bourre blanche ou roussâtre désignée dans le commerce sous le nom de *coton* ;

Enfin, les *baobabs* (adansonia, Lin.), le plus grand de tous les arbres connus : leur tronc a quelquefois quatre-vingts pieds de circonférence.

Famille des papavéracées.

Les papavéracées sont des plantes généralement herbacées, lactescentes, à feuilles alternes, simples ou plus ou moins découpées. Le calice se compose de deux sépales très-caduques. La corolle est formée le plus souvent de quatre pétales plissés et comme chiffonnés avant leur complet développement. Les étamines sont très-nombreuses ; l'ovaire est libre, uniloculaire, polysperme ; les graines sont attachées à des trophospermes qui font saillie sous forme de lames et constituent des fausses cloisons. Le stigmate, souvent sessile, est rayonné ou simplement lobé. Le fruit est une capsule polysperme qui s'ouvre au moyen de valves, ou par des trous placés sous les lobes du stigmate ; quelquefois, cette capsule ressemble à une silique, et s'ouvre alors en deux valves, ou bien se rompt transversalement par des articulations.

Le suc laiteux, blanc ou jaunâtre, qui découle des différentes parties des papavéracées, constitue chez ces plantes des propriétés délétères très-énergiques. Dans les pavots, ce suc est blanc, narcotique ; c'est d'une espèce de ce genre, le *pavot somnifère* (papaver somniferum, Lin.), que l'on retire *l'opium* : cette substance existe aussi dans nos pavots cultivés, mais en moindre quantité. Les pétales du coquelicot (papaver rhæas, Lin.) sont employés comme adoucissants, dans les catarrhes pulmonaires peu intenses.

Dans les chélidoines, le suc est jaune et très-caustique ; appliqué sur la peau, il en détermine la rubéfaction ; pris intérieurement, il agit comme poison.

Les qualités délétères des pavots ne se retrouvent pas dans leurs graines ; celles-ci contiennent généralement une huile grasse très-abondante ; telle est l'huile désignée dans le commerce sous le nom *d'œillette*.

Principal genre :

Papaver (pavot) ; stigmate radié, persistant : capsule ovale ou oblongue, munie de plusieurs réceptacles dont le nombre est toujours proportionné aux rayons du stigmate s'ouvrant au sommet, sous chaque rayon. Principale espèce : le pavot cultivé, désigné sous le nom *d'œillette* par les cultivateurs.

Famille des crucifères.

Les crucifères sont des plantes herbacées, à feuilles alternes. Leur calice est formé de quatre sépales caduques, dont deux sont quelquefois renflés à leur base. La corolle se compose de quatre pétales onguiculés et disposés en croix ; les étamines sont tétradynames, c'est-à-dire au nombre de six, dont deux plus petites, et quatre plus grandes rapprochées en deux paires opposées. A la base des étamines on trouve sur le réceptacle deux ou quatre glandes dont une entre chaque paire des grandes étamines, et une plus considérable qui donne attache à chaque petite étamine. L'ovaire est à deux loges séparées l'une de l'autre par une fausse cloison ; chaque loge contient une ou plusieurs graines attachées au bord externe de la cloison. Le style est court ou presque nul ; il se termine par un stigmate bilobé. Le fruit est une silique ou une silicule, tantôt indéhiscente, tantôt déhiscente et s'ouvrant alors en deux valves.

Toutes les crucifères sont douées d'une saveur âcre ; elles agissent comme stimulants sur l'économie animale ; c'est pourquoi on les dit antiscorbutiques ; quelques-unes jouissent de propriétés sudorifiques et diurétiques.

Principal genre :

Brassica (chou) : calice connivent, bossu à la base ; disque de l'ovaire muni de quatre glandes ; silique allongée, comprimée. Il comprend, entre autres espèces, le *chou cultivé ;*

ses variétés nombreuses ont produit le *colza,*
le *navet,* le *chou-fleur* et le *chou cabus.*

Les espèces les plus utiles de cette famille
sont :

Le *cresson de fontaine* (sisymbrium nastur-
tium, Lin.) ;

Le *cresson officinal* (sisymbrium officinale,
D. C.) ;

Le *colza* (brassica campestris, Lin.) ;

Les *moutardes* ou *sanves* (sinapis) ;

Le *cresson alenois* (lepidium sativum, Lin.) ;

La *cameline ordinaire* (myagrum sativum,
Lin.).

Cette dernière, conjointement avec la na-
vette et le colza, est cultivée dans plusieurs
départements de la France comme plante oléagineuse ; on en extrait une huile abondante
dont on se sert pour l'éclairage. Une variété
de chou se distingue à sa racine renflée ; on
la connaît en agriculture sous le nom de *ru-
tabaga* ; elle fournit un aliment précieux pour
les bestiaux.

QUATORZIÈME CLASSE.

PÉRIPÉTALIE.

—

Famille des rosacées.

Les rosacées sont des plantes herbacées ou ligneuses, à feuilles tantôt simples, tantôt composées, ordinairement pétiolées, et toujours munies à leur base de deux stipules persistantes ; ces stipules adhèrent parfois au pétiole. Les fleurs sont hermaphrodites ; elles offrent divers modes d'inflorescence. Le calice, monosépale, tantôt adhérent et tubuleux, tantôt libre et ouvert, offre quatre ou cinq divisions dont le nombre semble quelquefois augmenté par suite de la présence d'un involucre ou calicule extérieur. La corolle offre généralement cinq pétales régulièrement étalés en rosace. Les étamines sont ordinairement libres et très-nombreuses. Le pistil varie ; tantôt il est formé d'un ou de plusieurs carpelles entièrement libres et distincts, placés dans un calice tubuleux comme dans un sac ; tantôt les carpelles adhèrent avec le calice ; tantôt ils sont soudés non-seulement avec le calice, mais entre eux ; tantôt, enfin, ils sont réunis en capitule sur un réceptacle particulier. Chacun de ces carpelles est uniloculaire, et contient une ou plusieurs graines. Le style, plus ou moins latéral, est surmonté d'un stigmate simple. Le fruit varie : il constitue tantôt une drupe ou une pomme, tantôt une ou plusieurs capsules déhiscentes, tantôt un ou plusieurs akènes ; tantôt, enfin, il forme une réunion de petites drupes ou de petits akènes disposés en capitule sur un réceptacle charnu.

Toutes les rosacées, avant leur entier développement, jouissent d'une saveur âpre et astringente, qui est due principalement au tannin qu'elles renferment. Cette saveur est surtout très-intense dans les racines de l'ai-

grémoine (agrimonia eupatoria, Lin.), de la *tormentille* (tormentilla recta, Lin.), de l'*argentine* (potentilla anserina, Lin.) et de la *benoîte officinale* (geum urbanum, Lin.); aussi quelques-unes d'entre elles sont-elles employées en médecine comme toniques. Mais les rosacées sont principalement remarquables par l'usage que l'on fait de leurs fruits dans l'économie domestique. En effet, c'est à cette famille qu'il faut rapporter les fraises, les framboises, les prunes, les abricots, les pêches, les cerises, les nèfles, les poires et les pommes : ces deux derniers fruits fournissent, en outre, une boisson fermentée connue sous les noms de *cidre* et de *poirée*, qui remplace l'usage du vin dans certains départements de la France.

Famille des légumineuses.

Les légumineuses sont des plantes herbacées ou ligneuses, à feuilles généralement composées, quelquefois simples, présentant à leur base deux stipules ordinairement persistantes : dans quelques genres, le pétiole, au lieu de se terminer par une foliole, se prolonge en une vrille simple ou rameuse. Les fleurs, le plus souvent hermaphrodites, offrent des modes d'inflorescence très-variés. Le calice est tantôt tubuleux à cinq dents inégales, tantôt à cinq divisions plus ou moins profondes et inégales. La corolle manque quelquefois ; ordinairement elle se compose de cinq pétales généralement inégaux. Les deux pétales inférieurs, rapprochés l'un de l'autre ou même réunis par leur bord inférieur, forment une espèce d'étui qui entoure les organes sexuels ; on leur donne le nom de *carène ;* les deux pétales du milieu constituent les *ailes ;* le pétale supérieur enveloppe tous les autres avant la fleuraison : il a reçu le nom d'*étendard.* Les étamines, ordinairement au nombre de dix, sont quelquefois soudées toutes ensemble par leur base ; elles prennent alors le nom d'étamines *monadelphes*; le plus souvent les étamines sont *diadelphes*, c'est-à-dire que neuf étamines sont soudées en une gaîne qui entoure l'ovaire, et la dixième, placée devant l'étendard, reste libre. L'ovaire est simple, libre, souvent stipité à sa base; il est en général allongé, à une seule loge, contenant une ou plusieurs graines attachées à la suture interne. Le style est unique, ordinairement courbé du côté de l'étendard, et terminé par un stigmate simple. Le fruit porte le nom particulier de *gousse* ou légume. La graine se compose d'un épisperme membraneux, qui contient un embryon dont les cotylédons sont très-épais.

La famille des légumineuses comprend un grand nombre de plantes dont l'utilité ne le cède qu'à celle de la famille des graminées. En effet, les légumineuses fournissent des médicaments purgatifs, des substances toniques et astringentes, des résines et des baumes, des principes colorants très-précieux, des huiles, des gommes et des substances nutritives.

Les principaux genres de cette famille sont :
les *vicia* (vesces) : calice tubuleux, à cinq dents,
dont deux supérieures plus courtes ; style filiforme, velu supérieurement, et en dessous
vers le sommet ; gousse oblongue. Principale
espèce : la *vesce cultivée*.

Pisum (pois) : style triangulaire ; stigmate
velu ; gousse oblongue, renfermant plusieurs
graines. Espèce cultivée : la *bisaille*.

Trifolium (trèfle) : calice tubuleux, persistant, à cinq dents ; carène d'une seule pièce,
plus courte que les ailes et l'étendard ; gousse
petite, renfermant une ou deux graines re-
couvertes par le calice. Espèces cultivées : le
trèfle rouge et le *trèfle incarnat*.

Medicago (luzerne) : calice presque cylindrique, à cinq divisions égales ; carène un
peu écartée de l'étendard ; gousse renfermant
plusieurs graines courbées en forme de faux
ou tortillées en spirale. Principales espèces :
la *luzerne cultivée*, la *lupuline*.

Onobrychis (sainfoin) : corolle à ailes extrêmement courtes; gousse courte, comprimée, monosperme, à une seule loge, souvent hérissée de pointes, toujours tronquée et aplatie du côté supérieur. Espèce cultivée : le *sainfoin commun*.

C'est à la famille des légumineuses qu'il faut rapporter les *haricots*, les *fèves*, les *lentilles*, et les plantes tinctoriales, telles que :

Le *genêt des teinturiers* (genista tinctoria, Lin.);

Les *indigotiers* (indigofera, Lin.);

Le *bois de campêche* (hematoxilon, Lin.);

Et le *santal rouge* (pterocarpus santalinus, Lin.).

C'est encore aux légumineuses qu'appartiennent, comme plantes médicinales :

Le *lupin blanc* (lupinus albus, Lin.);

Le *fenu-grec* (trigonella fœnum græcum, Lin.);

Le *mélilot officinal* (melilotus officinalis, Lin.);

Les *astragales* (astragalus, Lin.) ;

Le *baguenaudier commun* (colutea arbo-
rescens, Lin.) ;

La *réglisse officinale* (glycyrrhiza glabra,
Lin.) ;

Le *ptérocarpe - sang-dragon* (pterocarpus
draco, Lin.) ;

Le *copahu officinal* (copaifera officinalis,
Jacq.) ;

Les *casses* ou *séné* (cassia, Lin.) ;

Et le *caroubier* (ceratomia siliqua, Lin.).

Enfin, comme plantes d'ornement, les légumineuses renferment l'*acacia*, l'*arbre de
Judée*, le *sophora*, le *cytise* et la *sensitive*
(mimosa pudica, Lin.), ainsi nommée à cause
de son extrême excitabilité.

QUINZIÈME CLASSE.

DICLINIE.

—

Famille des urticées.

Les urticées sont des plantes herbacées ou
ligneuses, quelquefois lactescentes, à feuilles
alternes, munies en général de stipules. Les
fleurs, unisexuées, rarement hermaphrodites,
offrent des inflorescences variées. Le calice
est tantôt monosépale et profondément divisé ;
tantôt il est formé de sépales distincts. Dans
les fleurs mâles, on trouve quatre ou cinq
étamines qui alternent avec les divisions du
calice : quelquefois elles leur sont opposées ;
les fleurs femelles présentent un ovaire libre,
uniloculaire, monosperme, ordinairement surmonté de deux stigmates : quelquefois les pistils sont implantés sur la paroi interne d'un
réceptacle pyriforme ou évasé qui devient or-

dinairement charnu. Les fruits sont secs ou charnus.

Les principales plantes de la famille des urticées sont :

Le *figuier commun* (ficus carica, Lin.) ;

Le *mûrier noir* et le *mûrier blanc* (morus nigra, m. alba, Lin.) ;

Le *mûrier à papier* (broussonetia papyrifera, L'Hérit.) : son écorce sert à fabriquer le *papier de Chine* ;

Le *houblon cultivé* (humulus lupulus, Lin.) ;

La *pariétaire officinale* (parietaria officinalis Lin.), plante diurétique, émollienté et rafraîchissante ;

Et les *orties* (urtica, Lin.), dont la piqûre est brûlante. La douleur qu'elles occasionnent est produite par un fluide irritant que les poils instillent dans la plaie, à l'aide du canal qui les traverse.

Principal genre :

Cannabis (chanvre), plante dioïque. Fleurs mâles : calice 5-parti ; cinq étamines ; filets courts ; anthères oblongues. Fleurs femelles : calice oblong, fendu par le côté ; ovaire unique ; deux styles ; deux stygmates ; capsule crustacée, à deux valves, presque globuleuse, cachée par le calice. Espèce cultivée : le *chanvre*.

Famille des amentacées.

Les amentacées sont des arbres ou arbrisseaux à feuilles alternes, munies de stipules caduques ou persistantes. Les fleurs sont unisexuées, rarement hermaphrodites. Les fleurs mâles sont disposées en chaton ; elles sont généralement portées sur des écailles. Les fleurs femelles sont solitaires, en faisceau ou en chaton ; chacune d'elles est munie tantôt d'un calice, tantôt d'une simple écaille. L'ovaire, libre ou adhérent, simple ou multiple, est ordinairement surmonté de plusieurs stigmates ; le fruit, à une ou plusieurs loges, renfermant, une ou plusieurs graines, est tantôt déhiscent, tantôt indéhiscent.

Les plantes de la famille des amentacées

sont remarquables surtout par la quantité de tannin que renferme leur écorce.

A cette famille appartiennent les saules, les peupliers, les bouleaux, les aunes, les hêtres, le coudrier, les chênes et le platane ; dans ces derniers temps, on les a répartis en plusieurs familles.

Famille des conifères.

Les conifères, ainsi nommés de la forme de leur fruit, se composent d'arbres ou d'arbustes, à feuilles roides, coriaces, persistantes dans le plus grand nombre, tantôt solitaires, tantôt fasciculées. Les fleurs sont constamment unisexuées. Les étamines, en nombre variable, tantôt sessiles, tantôt munies de filets distincts ou soudés, sont généralement placées à la base des écailles qui forment les chatons ; les anthères sont uniloculaires. Les fleurs femelles varient dans leur inflorescence. Le plus souvent elles forment des chatons ovoïdes ou globuleux, dont les écailles sont grandes et imbriquées :

chacune de ces écailles renferme une ou plusieurs fleurs femelles ; quelquefois les fleurs
femelles sont réunies dans une sorte d'involucre
qui devient charnu. L'ovaire est uniloculaire,
monosperme ; les cotylédons, dans certains
genres, offrent plusieurs lobes.

Les principales espèces de la famille des
conifères sont :

Le *pin pignon*, vulgairement pin d'Italie
(pinus pinea, Lin.);

Le *pin maritime* ou *pin de Bordeaux* (pinus
maritima, Lam.) ;

Le *pin sauvage* (pinus sylvestris, Lin.) ;

Le *mélèze ordinaire* (larix europæa, D. C.).

Tous ces végétaux sont employés comme
bois de construction ; on en retire des huiles
volatiles et des poix ou résines plus ou moins
solides et colorées, suivant les divers procédés
dont on fait usage pour les extraire.

C'est encore à la famille des conifères
qu'il faut rapporter l'*if commun* (taxus bac-
cata, Lin.), et le *genévrier ordinaire* (juniperus

communis, Lin.), dont les baies sont employées comme toniques et stimulantes : l'eau-de-vie, distillée avec les baies du genévrier, prend une saveur et une odeur aromatique très-prononcée ; la liqueur qui en résulte porte le nom d'eau-de-vie de genièvre.

FIN.

TABLE.

PREMIÈRE SECTION.

DEUXIÈME SECTION.

TROISIÈME DIVISION.

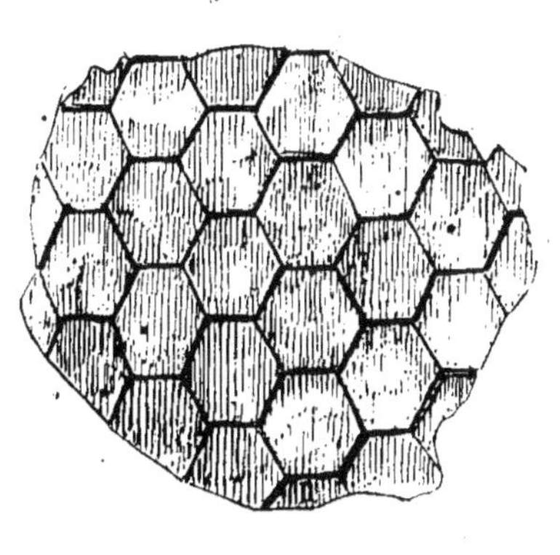

I

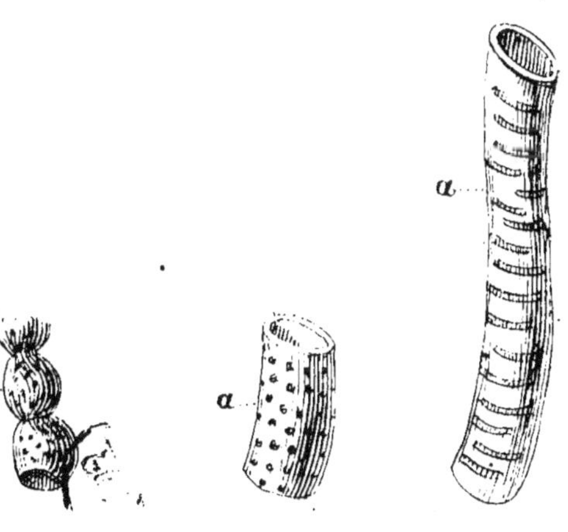

2

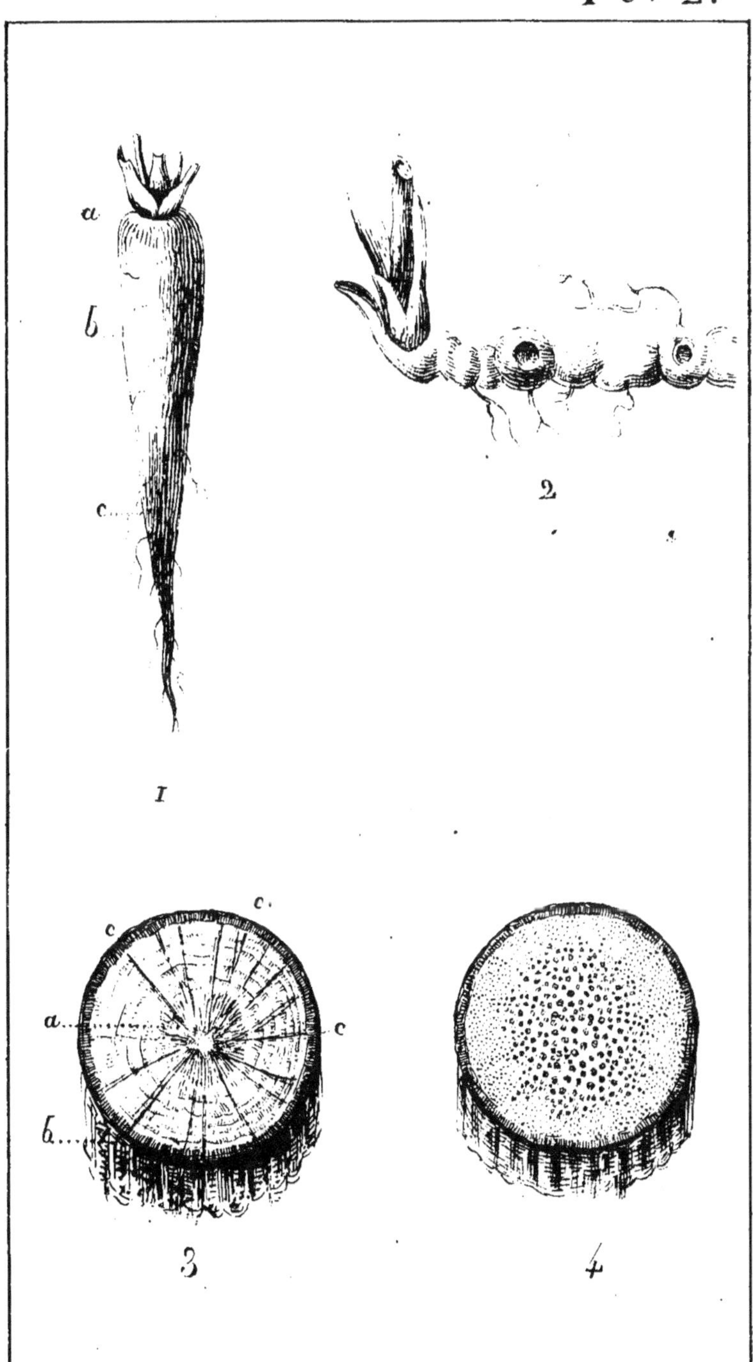

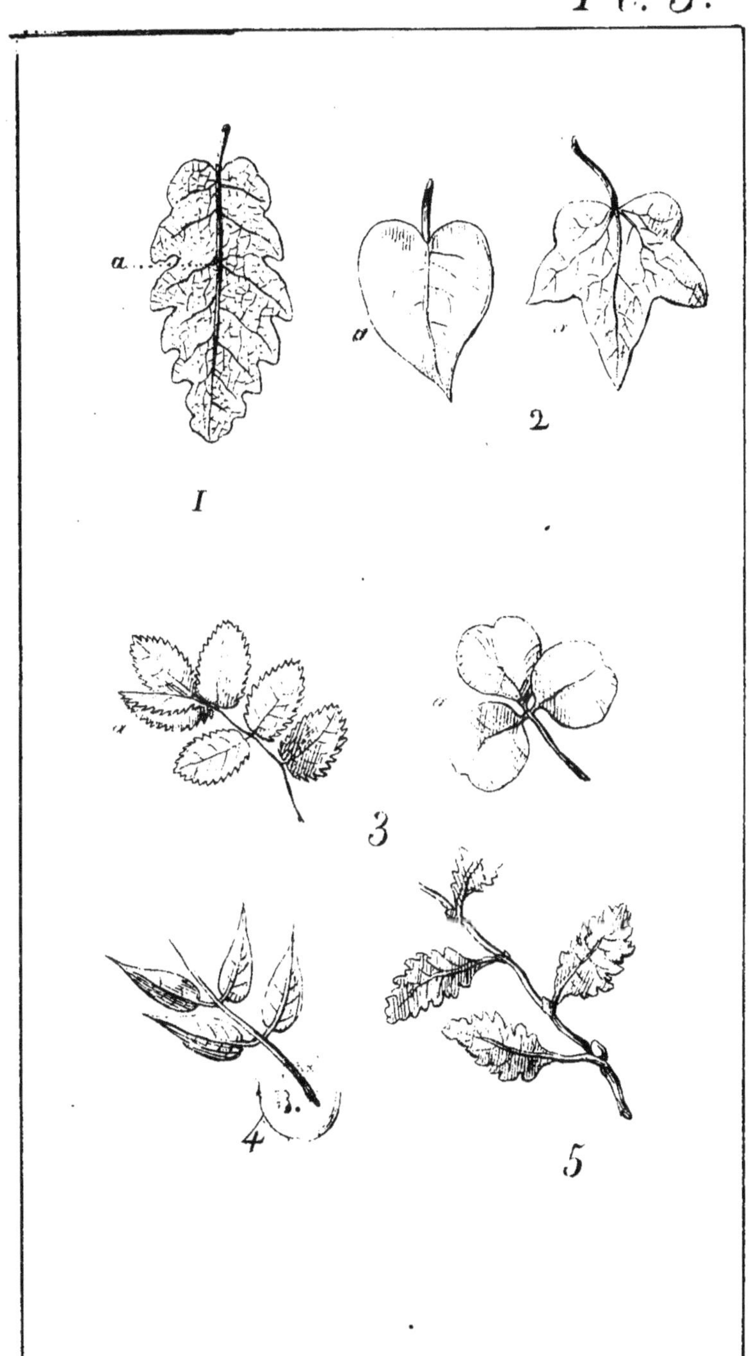

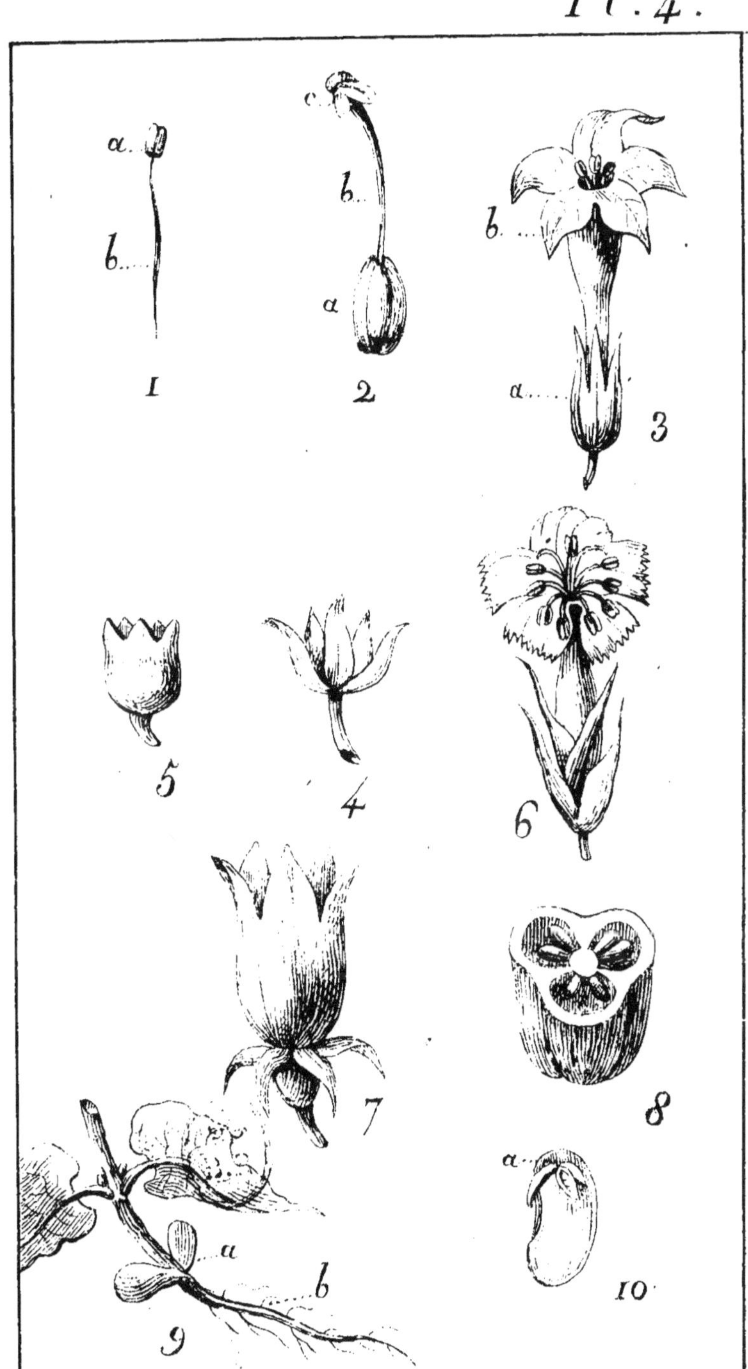